建筑起重机械
管理手册

JIANZHU QIZHONG JIXIE GUANLI SHOUCE

施　炯　主编

赵敬法　张　敏　副主编

浙江工商大学出版社
ZHEJIANG GONGSHANG UNIVERSITY PRESS

图书在版编目（CIP）数据

建筑起重机械管理手册 / 施炯主编. — 杭州 ：浙
江工商大学出版社，2017.7
　ISBN 978-7-5178-2183-0

　Ⅰ．①建… Ⅱ．①施… Ⅲ．①建筑机械－起重机械－
设备管理－手册 Ⅳ．①TH210.7-62

中国版本图书馆CIP数据核字(2017)第112007号

建筑起重机械管理手册

施　炯 主编　赵敬法　张　敏 副主编

出 品 人	鲍观明
责任编辑	郭昊鑫　沈　娴
封面设计	叶泽雯
责任印制	包建辉
出版发行	浙江工商大学出版社

（杭州市教工路198号　邮政编码 310012）

（E-mail:zjgsupress@163.com）

（网址:http://www.zjgsupress.com）

电话:0571-88904980,88831806（传真）

排　　版	余杭良渚余东图文制作室
印　　刷	浙江省良渚印刷厂
开　　本	787mm×1094mm　1/16
印　　张	11.5
字　　数	207千
版 印 次	2017年7月第1版　2017年7月第1次印刷
书　　号	ISBN 978-7-5178-2183-0
定　　价	36.00元

序

建筑起重机械（主要是塔式起重机、人货两用施工升降机和货用施工升降机）作为建筑施工中的主要常用设备，从无到有，从小到大，已逐步形成了较为完整的使用体系。

随着国民经济的快速发展，超高超深、大跨度、异形结构的建筑大量涌现，对建筑起重机械提出了新的要求。同时，由于建筑业的粗放式管理，施工现场盲目赶工期的现象十分普遍，建筑起重机械超载超限、违章操作现象十分严重，增加了安全隐患；建筑起重机械租赁（安装）企业和使用管理方或多或少存在重经营轻管理、重使用轻维修的麻痹思想，对维保工作不重视，机械故障时有出现，成为安全事故的易发点。

为了切实加强各类建筑起重机械的安装、拆卸、使用、维修、保养等管理，更好地发挥大集团优势，根据集团转型升级和优化资源配置的需要，集团设立建筑机械设备管理中心（与浙江省建设机械集团有限公司合署），代表集团行使建筑机械设备供应、租赁及安装等集中管理职能。

本书对建筑起重机械的使用和管理工作做了提炼和总结，意在为参与工程建设的人员提供一本实用的工作指导手册。我由衷地希望本书的出版，能为广大工程建设者、理论研究者和教学工作者提供一份具有实践意义的参考资料，能进一步丰富建筑起重机械管理的内容，有助于建筑业的不断改革与创新。

2017 年 5 月

前　言

随着国民经济的不断发展，建筑起重机械（主要是塔式起重机、人货两用施工升降机和货用施工升降机）在各类工业和民用建筑上得到广泛使用，为保证工程质量、加快施工进度、降低工程成本做出了贡献。

为使建筑机械管理人员全面了解并掌握建筑起重机械的安装、拆卸、使用、维修、保养等知识，依据国家有关的法律、法规、规范、标准文件等规定，结合浙江省建设投资集团股份有限公司的实践，特编写本书。

本书共4章，即塔式起重机、施工升降机、建筑起重机械的检查和维护、建筑起重机械安全管理，可以作为广大建筑机械管理人员、安全管理人员和其他工程技术人员的参考读本。

由于时间仓促、水平有限，书中难免存在疏漏之处，敬请读者批评指正。

《建筑起重机械管理手册》编委会

2017 年 5 月

目　录

第 1 章　塔式起重机

第 2 章　施工升降机

第3章 建筑起重机械的检查和维护

第 4 章　建筑起重机械安全管理

第 1 章　塔式起重机

1.1　塔式起重机简介

塔式起重机是一种起重臂装在高耸塔身上部的旋转起重机 (简称塔机),主要由金属结构(塔身、动臂和底座等结构件)、工作机构(起升、变幅、回转和行走等机构)和电气系统(电动机、控制器、配电柜、连接线路、信号及照明装置等)三部分组成。

塔式起重机起源于欧洲,主要用于建(构)筑物施工过程中建筑材料和构配件的垂直(水平)输送。塔式起重机可以实现重物全方位运送,作业空间大,作业高度一般可以达到数十米、数百米,作业半径可以达到数十米。

1.1.1　塔式起重机的分类和特点

塔式起重机的分类和主要特点详见表 1.1–1。

表 1.1–1　塔式起重机的分类和主要特点

分类		主要特点
按回转方式分类	上回转式	塔身固定,在塔身最上部安装有回转支承(其上安装塔顶、起重臂及平衡臂),整个上部可以回转
	下回转式	回转支承安装在塔身最下面的转台上,工作时塔身和起重臂一起回转
按爬升方式分类	外部爬升式	整机安装在建(构)筑物外部,塔身与建(构)筑物间采用若干附墙架连接,方便实现塔身的增高
	内部爬升式	整机安装在建(构)筑物内部,塔身长度固定,整机可随建(构)筑物的升高而在内部爬升,增加高度。整机自重轻,但安装拆卸比较困难
按变幅形式分类	小车变幅 非平头式	起重臂通过起重臂根部铰点和吊臂拉杆支承,通过起重臂上的小车走动实现变幅
	小车变幅 平头式	起重臂为悬臂梁结构(无塔顶和吊臂拉杆),可以方便地增减起重臂长度,通过起重臂上的小车走动实现变幅
	动臂变幅	通过起重臂的俯仰实现变幅,适合在有空间限制的场所施工
按行走机构分类	固定(自升)式	塔身固定在基础上,不可行走,随建(构)筑物的升高而升节。在附着的情况下,可以实现超高层建筑的施工
	轨道自行式	在预先埋设好的轨道上,整机可带载行走,灵活方便。受塔式起重机独立高度的限制,可以施工的建(构)筑物高度较低
按架设方式分类	快装式	塔身和起重臂等可以伸缩(或折叠),运输时整体拖运,安装时整体架设,可以快速移动和安装
	非快装式	整机分为若干个构件,运输和安装时分别依次进行

1.1.2 塔式起重机的型号

根据《建筑机械与设备产品分类及型号》(JG/T 5093—1997)[①]，塔式起重机型号编制由组、型、特性、主参数和变型更新等代号组成。

以 QTZ 80A 塔式起重机为例。

(1)QTZ——组、型、特性代号。

Q：起(Q)重机。

T：塔(T)式起重机。

QT：起(Q)重机大类下的塔(T)式起重机。

Z：特征代号(Z 代表自升式，G 代表固定式，K 代表快装式，X 代表下回转式)。

(2)80——额定起重力矩(kN·m×10⁻¹)。

(3)A——更新、变型代号。

有些塔式起重机生产厂家，根据国外标准用塔式起重机最大臂长(m)与臂端(最大幅度)处所能吊起的额定重量(kN)两个主参数来标记塔式起重机的型号，其型号组成以 ZJT550(浙江建机生产的 QTZ500 的企业内部标记)塔式起重机为例：

ZJ——厂家代号。

T——平头式塔式起重机。

550——最大起重力矩 5500 kN·m(550 t·m)。

这类标记方法不是国家正式标准规定的，但能直观地表达一台塔式起重机的工作能力，比较受欢迎，应用较为广泛。

图 1.1-1　ZJT550 平头式塔式起重机

---

① 此标准已于 2013 年 10 月 12 日作废，但因没有新标准替代，行业内仍在使用此标准。

1.1.3 塔式起重机技术性能

塔式起重机的部分技术性能详见表1.1-2。

表1.1-2 塔式起重机技术性能参数(部分)

型号		QTZ63/ZJ5510	QTZ80/ZJ5710	QTZ80/ZJ5910	QTZ80/ZJ6010	QTZ80/ZJT6111	QTZ160/ZJ6516	QTZ250/ZJ7030
起重量	额定起重力矩/kN·m	630	800	800	800	800	1600	2500
	最大幅度/额定起重量(m/kN)	55/10	57/10	59/10	60/10	61/11	65/16	70/30
	最小幅度/额定起重量(m/kN)	2.5/6	2.5/6	2.5/8	2.5/6 2.5/8	2.5/6	2.5/10	2.8/12
起升高度(m)	附着式	121.5	160	160	160	180	230	246
	固定式	40.5	40.5	40.5	40.5	42.5	48.65	51
工作速度	2倍率起升(m/min)	80	76	80	80	78	100	100
	4倍率起升(m/min)	40	38	40	40	39	50	50
	变幅(m/min)	40/20	40/20	40/20	40/20	40/20	60/30/8.4	0~70
	回转(r/min)	0.6	0.6	0.5	0.6	0.6	0.6	0~0.67
电动机功率(kW)	起升	24/24/5.4	24/24/5.4	30/30/5.5	30/30	24/24	55	55
	变幅	3.2/2.2	3.2/2.2	3.3/2.2	3.3/2.2	3.3/2.2	5/3/1.1	7.5
	回转	2×2.2	2×2.2	2×3.7	2×3.7	2×3.7	2×5.5	2×145

注:QTZ50/ZJ7030塔式起重机采用力矩或电动机,电动机功率单位为N·m。

1.2 塔式起重机的构造

1.2.1 结构件的构造

塔式起重机的结构件主要由格构式钢结构组成,包括:底架结构、塔身、爬升套架、上下支座、回转塔身、塔顶、起重臂、起重臂拉杆、平衡臂、平衡臂拉杆、载重小车和吊钩滑轮组。

1.2.1.1 底架结构的构造

底架结构分为固定式底架结构和行走式底架结构,是支承塔式起重机的重要部分,塔式起重机整机的重量全部压在底架结构上。固定式底架结构有以下几种形式:地下节、井字架、十字梁底架、压重式底架、行走式底架结构等。

1)地下节

地下节(也称预埋节)埋在混凝土基础中(图 1.2-1),塔身底部与地下节连接。地下节所处位置在塔式起重机根部,载荷最大,通常都是加强过的。例如,浙江省建设机械集团有限公司(以下简称"浙江建机")生产的地下节(图1.2-2),在每根主弦杆内增加了 1 块 10 mm 厚的钢板,在横腹杆中点位置增加了斜腹杆节点,加强了横腹杆的稳定性,满足塔式起重机的安全使用要求。

特别要注意的是:地下节只能用一次,禁止重复使用。

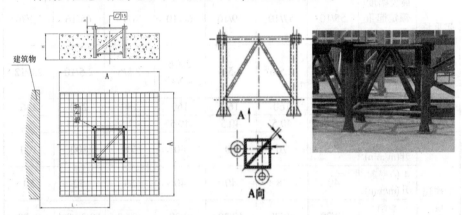

图 1.2-1 地下节埋在混凝土基础中　　　　　　图 1.2-2 地下节结构

2)井字架

井字架类似箱体结构,用高强度地脚螺栓与基础固定在一起,与塔身底部连接在一起(图1.2-3),整体稳定性较好。采用井字架形式的底架结构,克服了采用地下节形式只能单次使用的缺陷,节省成本,更经济实用。

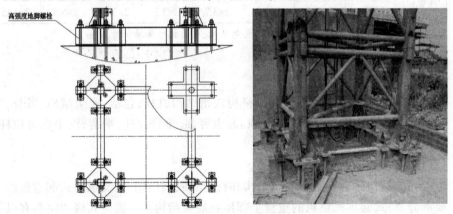

图 1.2-3 井字架结构

3)十字梁底架

十字梁底架(图 1.2-4)由 1 个长梁、2 个半梁和 4 根撑杆组成,长梁和半梁上有耳座,与塔身底部相连。长梁和半梁组成十字结构,用高强度地脚螺栓与基础固定一起,撑杆把塔身下部与十字梁底架四角相连,加强了底架结构的稳定性,改善了十字梁底架的受力状况和塔身根部的受力状况,便于拆装和运输。

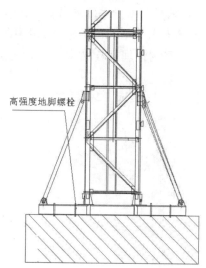

图 1.2-4　十字梁底架结构

4)压重式底架

压重式底架(图 1.2-5)通过支腿支在地面(或基础)上,与基础没有固定的连接。为保证塔式起重机的稳定性和抗倾覆性,在该底架两侧配有相应的压重。

图 1.2-5　压重式底架　　　　　　图 1.2-6　行走式底架

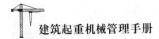

5)行走式底架

行走式底架(简称行走底架,图 1.2-6)由底架与行走机构组成。底架为钢结构,主要承受塔式起重机的自重;行走机构有四个行走轮,由行走电机带动行走轮,使塔式起重机整机沿轨道方向运行,工作范围可覆盖轨道长度。

1.2.1.2 塔身的构造

塔身(图 1.2-7)是塔式起重机的主体结构,承受起重机本体和吊载的重量。塔身自下而上由 1 节过渡节、若干节加强标准节和若干节标准节组成。采用地下节结构的塔式起重机,一般没有过渡节,只有采用预埋螺栓结构的塔式起重机,有过渡节。

根据构造不同,塔身可分为整体式和片装式。

标准节

加强标准节3

加强标准节2

加强标准节1

过渡节

图 1.2-7 塔身

1)整体式塔身

整体式塔身(图 1.2-8(a))由若干标准节组成,全焊接结构,一般用于中小型塔式起重机。塔身标准节有一定的互换性。

2)片装式塔身

片装式塔身(图 1.2-8(b))是可拆片式的,安装时用销轴和螺栓组成单节,一般为两片式结构和杆件(也有 4 根主弦杆与若干腹杆)组成,较多用于大型塔式起重机。为满足互换性要求,其制造精度要求较高,但是堆放占地小,运输费用较少。

(a)整体式塔身标准节　　　　　　　(b)片装式塔身标准节

图 1.2-8　塔身标准节

1.2.1.3　爬升套架的构造

上回转自升式塔式起重机爬升套架(顶升套架)分为外套架和内套架。

1)外套架

外套架(图 1.2-9)由套架结构、液压顶升机构、导向滚轮等组成,套架本体套在塔身的外部,用来完成加高的顶升加节工作。套架本体是一个空间桁架结构,其内侧布置有 16 个滚轮或滑板(有些塔式起重机布置的是 8 个滚轮)。滑板主要应用于内套架中,外套架基本采用滚轮。顶升时,滚轮(或滑板)沿塔身的主弦杆外侧移动,起导向支承作用。

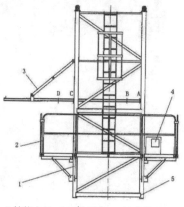 

1.结构主导　2.工作平台　3.标准节引进梁
4.顶升机构　5.导向滚轮

图 1.2-9　外套架

2)内套架

内套架(图1.2-10)由结构主架、液压顶升机构、活动支腿、导向块等组成,套架插在标准节内(内套架截面比标准节小)。片式塔身顶升,一般使用内套架。

1.2.1.4 上下支座的构造

上下支座(图1.2-11)是塔式起重机的过渡装置,实现塔式起重机上部与下部的相对旋转作业。上下支座之间通过回转支承连接,上支座与下支座能实现相对转动。

1)上支座

上支座安装在回转支承的上部,与回转支承的内圈相连。上支座的上部连接塔帽(也有连接回转或塔身的)。

2)下支座

下支座的上平面装有回转支承外齿圈,与回转支承的外圈相连。下支座的下部连接塔身标准节和爬升套架。

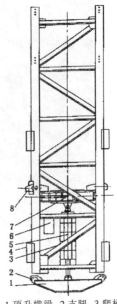

1.顶升横梁 2.支腿 3.爬梯
4.导向块 5.油缸 6.油箱
7.顶升横梁 8.支腿
图1.2-10 内套架

图1.2-11 上下支座及回转支承

图1.2-12 回转塔身

1.2.1.5 回转塔身的构造

回转塔身(图1.2-12)为整体框架结构,一般用于中大型塔式起重机。上端面分别有两侧引板,用于安装起重臂和平衡臂,上端用四根销轴与塔帽相连。

1.2.1.6　塔顶的构造

塔顶(也称塔帽,图 1.2-13),主要承受起重臂和平衡臂拉杆传递的交变载荷。平头塔塔顶称为平头塔塔头。

图 1.2-13　塔顶和平头塔塔头

1.2.1.7　起重臂的构造

起重臂(也称臂架或吊臂),按变幅方式可分为小车变幅的起重臂(图1.2-14)和动臂变幅的起重臂(图1.2-15)。

(a)平头式塔式起重机的起重臂

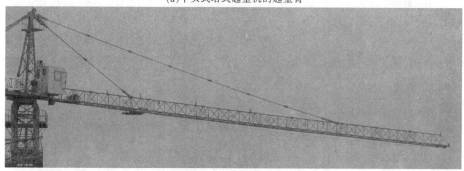

(b)塔头式塔式起重机的起重臂

图 1.2-14　小车变幅的起重臂

1)起重臂(小车变幅)

小车变幅的起重臂一般水平放置，根部与回转塔身（或上支座）铰接，外侧有相应的铰点与塔顶用起重臂拉杆连接，载重小车在起重臂上前后水平移动变幅。

2)起重臂(动臂变幅)

动臂变幅的起重臂根部与回转塔身(或上支座)铰接，利用固定在臂架头部的变幅钢丝绳实现臂架的俯仰变幅。

图 1.2-15　动臂变幅的起重臂

1.2.1.8　起重臂拉杆的构造

起重臂拉杆(图 1.2-16)一般采用实心圆钢(或钢板)制作，起重臂通过起重臂拉杆与塔顶连接，塔身自身和吊重产生的弯矩沿起重臂拉杆传至塔顶。

图 1.2-16　起重臂拉杆

1.2.1.9　平衡臂的构造

平衡臂(图 1.2-17)根部与回转塔身(或上支座)铰接，主要用于平衡塔式起重机起重臂方向的力矩。平衡臂与起重臂对称安装。其上有起升机构、电气柜和相应平衡重。

图 1.2-17　平衡臂

1.2.1.10 平衡臂拉杆的构造

平衡臂拉杆(图 1.2-18)一般采用实心圆钢(或钢板)制作,用于连接平衡臂和塔顶。

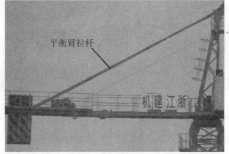

图 1.2-18 平衡臂拉杆

1.2.1.11 载重小车的构造

载重小车(又称变幅小车,图 1.2-19)由小车架、滑轮、滚轮、侧滚轮、钢丝绳防断绳装置、钢丝绳防脱装置等组成,是实现塔式起重机小车变幅的必备部件。载重小车按小车数量可分为单小车的载重小车和双小车的载重小车。

(a)单小车的载重小车　　　　　　(b)双小车的载重小车

图 1.2-19 载重小车

1.2.1.12 吊钩滑轮组的构造

吊钩滑轮组(图 1.2-20)可分为单滑轮吊钩组和多滑轮吊钩组,单滑轮吊钩组主要用于轻型塔式起重机,多滑轮吊钩组主要用于中大型塔式起重机。吊钩滑轮组倍率变换方式有:

(a)单滑轮吊钩组   (b)多滑轮吊钩组

图 1.2-20　吊钩滑轮组

(1)单小车的载重小车,通过改变吊钩滑轮有效使用数,改变吊钩滑轮组的使用倍率(图 1.2-21)。

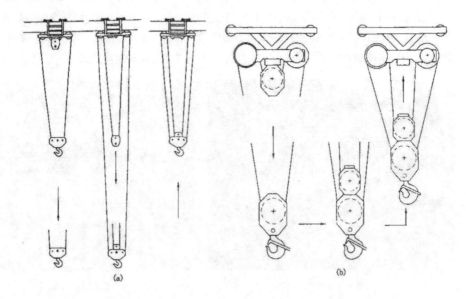

图 1.2-21　单小车吊钩滑轮倍率(2 变 4)示意图

(2)双小车的载重小车,通过改变载重小车的有效使用小车数量,改变吊钩滑轮组的使用倍率(图 1.2-22)。

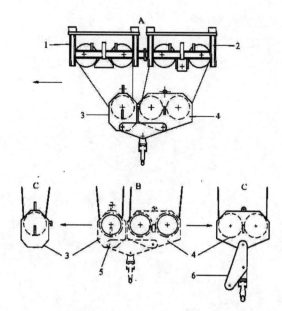

1.副小车 2.主小车 3.副小车单滑轮

4.主小车双滑轮吊钩组 5.连接销轴 6.扁担夹板

图 1.2-22 双小车吊钩滑轮倍率(2 变 4)示意图

1.2.2 主要机构的构造

1.2.2.1 行走机构的构造

行走机构(图 1.2-23)是使起重机在轨道上行走的装置,有 4 个台车,每个台车都有 1 个行走轮,一般在行走轮上配有 2 台行走电机(特殊塔式起重机有 4 个行走电机),由行走电机驱动行走轮,使得行走机构能沿轨道运动。

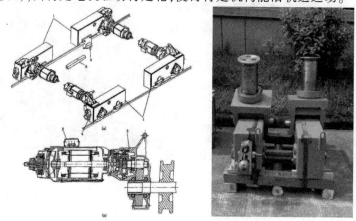

图 1.2-23 行走机构示意图

1.2.2.2 起升机构的构造

起升机构(图1.2-24)固定于平衡臂上,主要由钢丝绳、卷筒、电机、减速器、限位器、制动器、底架等组成,用于提升重物,实现重物的垂直移动。

图1.2-24 起升机构

1.2.2.3 变幅机构的构造

变幅机构(也称小车牵引机构,图1.2-25)带动载重小车在起重臂上变幅运动,实现所吊重物水平方向的移动。根据变幅方式的不同,变幅机构可分为变幅卷扬机构(用于动臂变幅)和小车牵引机构(用于小车变幅,小车牵引机构通常安装在起重臂根部臂节上)。

图1.2-25 变幅机构

1.2.2.4 回转机构的构造

回转机构(图1.2-26)带动塔式起重机上支座以上所有部件回转运动,是重负荷机构。回转机构通常放置于上支座上,由 2 个回转电机组成,对称放置于上支座上。回转电机下部有齿轮,与回转支承的外齿圈啮合。电机转动,可以使上支座与下支座做相对回转作业。

1.2.2.5 顶升机构的构造

顶升机构(图 1.2-27)主要由顶升横梁、顶升油缸(液压缸)、油箱(液压泵)、控制元件等部件组成,安装在套架上。

图 1.2-26 回转机构

图 1.2-27 液压顶升机构

1.2.3 主要安全装置的构造

1.2.3.1 力矩限制器的构造

力矩限制器(图 1.2-28)是限制塔式起重机吊重力矩量的安全装置,分为机械式力矩限制器和电子式力矩限制器。

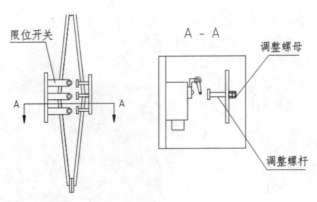

图 1.2-28　力矩限制器示意图

1)机械式力矩限制器

机械式力矩限制器主要有弓形板和拉力环式两种(图 1.2-29),其中的 3 个限位开关分别起超载保护、强制变速及预警作用。塔顶为斜撑杆式的塔式起重机,力矩限制器安装在平衡臂上;塔顶为塔帽式的塔式起重机,力矩限制器安装在塔帽两侧主弦杆上。

弓形板力矩限制器由弓形架、限位开关和触点螺栓组成。拉力环式力矩限制器由环体、上下盖板、上下拉铁、拉杆、限位开关、调整螺母和调整螺钉组成。

(a)弓形板　　　　　　　　　(b)拉力环式

图 1.2-29　机械式力矩限制器

2)电子式力矩限制器

电子式力矩限制器(图 1.2-30)是一种新型的力矩限制器,通过固定在塔帽主弦杆上的传感器检测吊重力矩,将信号发送至仪表,控制塔式起重机的载重小车和吊钩的运动。

 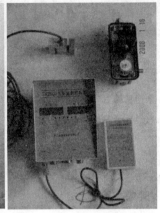

(a)传感器　　　　　　　　　　　　　(b)显示仪表

图 1.2-30　电子式力矩限制器

1.2.3.2　起重量限制器的构造

起重量限制器(图 1.2-31、图 1.2-32)一般安装在操作室、吊臂根部下端或塔帽中间,用于限制塔式起重机的起升荷载,防止超载运行。分为机械式、电子式两种。

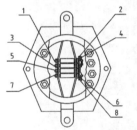

2、4、6、8 为微动开关,1、3、5、7 为螺钉调整装置

图 1.2-31　起重量限制器示意图

图 1.2-32　起重量限制器实物图

1.2.3.3　起升高度限位器的构造

起升高度限位器(超高限位器,图 1.2-33)通常安装在起升机构卷筒侧面,是防止吊钩上升超过极限位置造成钢丝绳拉断、吊重坠落的安全装置。

图 1.2-33　起升高度限位器实物图

1.2.3.4　制动器的构造

制动器(图 1.2-34)用于制止工作机构的运转。塔式起重机上的制动器分为瓦块式和片式两种。制动器具有使运动部件(或运动机械)减速、停止或保持停止状态等功能,主要由制架、制动件和操纵装置组成。

图 1.2-34　制动器

1.2.3.5　幅度限位器的构造

幅度限位器(小车行程限位器,图 1.2-35)一般安装在起重臂两端(或小车牵引机构卷扬机滚筒上),是防止小车在两端极限位置和起重臂碰撞而发生事故的安全装置。

图 1.2-35　幅度限位器实物图

1.2.3.6　回转限位器的构造

回转限位器(图 1.2-36)一般安装在回转平台上,与回转大齿圈啮合,是防止电缆扭转过度而断裂(或损坏电缆)引发事故的安全装置。

图 1.2-36　回转限位器实物图

1.2.3.7　行程限位器的构造

行程限位器(图 1.2-37)通常用于轨道式塔式起重机,安装在行走底架上,以确保塔式起重机在运行到轨道基础端部缓冲装置前完全停车。一般把限位器的碰杆设在轨道两端距尽头 1.5~2 m(大于 1 m)处,避免由于误操作及惯性造成安全事故。

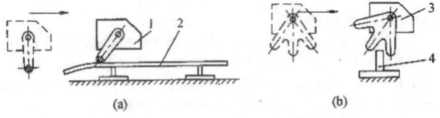

1.终点开关　2.止动断电装置　3.终点开关　4.挡座断电装置

图 1.2-37　行程限位器示意图

1.2.3.8　小车断绳保护装置的构造

小车断绳保护装置(图1.2-38)是防止载重小车变幅钢丝绳断裂而发生事故的安全装置(变幅的双向均应设置断绳保护装置),主要用于小车变幅的塔式起重机。其工作机制为:当载重小车变幅钢丝绳断裂时,小车断绳保护装置起作用,使得载重小车停止运动。

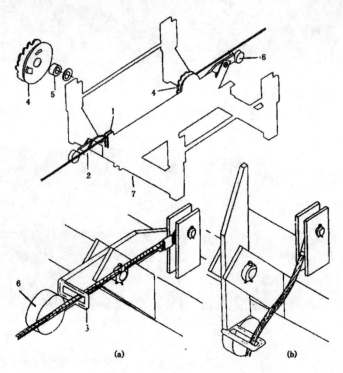

(a)小车牵引绳张紧时断绳保险器正常工作状态　(b)钢丝绳断裂时断绳保险器工作状态

1.牵引绳固定绳环　2.挡杆　3.导向环

4.牵引绳棘轮张紧装置　5.挡圈　6.重锤　7.小车车架

图1.2-38　小车断绳保护装置示意图

1.2.3.9　小车防坠落装置的构造

载重小车在吊重运动过程中,极有可能发生载重小车滚轮轴承受过大的剪切力而造成滚轮轴断裂。为防止产生滚轮轴断裂而导致载重小车掉落,载重小车上安装有小车防坠落装置(小车断绳保护装置,图1.2-39)。其工作机制为:滚轮轴断裂时,小车防坠落装置刚好挡在吊臂主弦杆上,挂住小车。

图 1.2-39 小车断绳保护装置实物图

1.2.3.10 钢丝绳防扭装置的构造

为防止钢丝绳在使用过程中扭结,未采用不旋转钢丝绳的塔式起重机,在吊臂的臂端应设置起升钢丝绳防扭装置(图 1.2-40)。

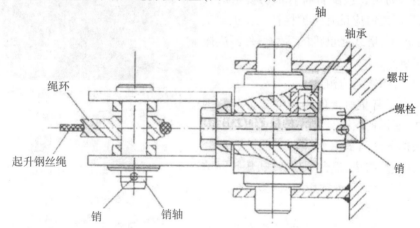

图 1.2-40 钢丝绳防扭装置示意图

1.2.3.11 钢丝绳防脱装置的构造

钢丝绳防脱装置(图 1.2-41)是防止钢丝绳跳脱轮槽的安全装置,主要由挡绳杆、侧板、螺栓组等组成。

1.2.3.12 爬升横梁防脱装置的构造

爬升横梁防脱装置(图 1.2-42),主要由闩杆、耳板和销轴组成,是防止爬升装置从塔身连接结构中自行脱出的安全装置。

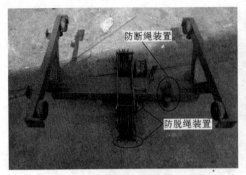

图 1.2-41 载重小车上的钢丝绳防脱装置

图 1.2-42 顶升横梁防脱装置

1.2.4 主要零部件的构造

1.2.4.1 司机室的构造

司机室(图 1.2-43)是整个塔式起重机的控制中心,操作人员在司机室中进行操作。司机室视野要开阔、明朗,应通风、保暖和防雨,应配备符合消防要求的灭火器,落地窗应设有防护栏杆。在正常工作情况下,塔式起重机的活动部件不应撞击司机室。

1.2.4.2 钢丝绳的构造

塔式起重机上的钢丝绳分为起升钢丝绳、变幅钢丝绳。塔式起重机上钢丝绳端头的固定方式有卡接法、契套法、锥套灌铅法、编结法、铝合金压套法、压板固结法。下面介绍几种常用的固定方式:

1)卡接法

卡接法是把钢丝绳的端头套装在心形套环上,用特制的钢丝绳夹卡紧固定。钢丝绳绳夹构造及卡接方式,如图 1.2-44 所示。卡接法主要用于塔式起重机起重臂和平衡臂拉索的固定和小车牵引机构的固定,拆装方便、牢固,但是钢丝绳的绳夹卡箍螺母突出在钢丝绳的外部,比较笨重。

图 1.2-43 司机室

(a)钢丝绳绳夹示意图

(b)正确卡接方式

(c)错误卡接方式

图 1.2-44 钢丝绳绳夹构造
与卡接方式示意图

2)契套法

契套法(图1.2-45(a))又称契块锥套法。固定时,先将钢丝绳的末端绕在带有凹槽的契块上,然后插入锥套内;拉紧后,钢丝绳即被固定在锥套内。契套法的特点是构造简单、固定牢靠。塔式起重机起升钢丝绳另一端的头部都用此法加以固定。

3)铝合金压套法

铝合金压套法(图1.2-45(b))简称压头法。施工时,先将绳头拆散、分股并留头错开,弯转后用钳子将其插入主索中(弯套中则嵌有心形环),最后在插接处套以铝合金套,用汽锤加压模锻成型。

4)压板固结法

压板固结法(图1.2-45(c))主要用于起升(或变幅)卷筒上钢丝绳端头的固定,压板底面带有绳槽,用以压紧钢丝绳。施工时,将钢丝绳末端穿过卷筒的端板,弯曲并拢,用带槽压板卡紧,最后用螺栓将压板牢靠地固定在卷筒端板上。

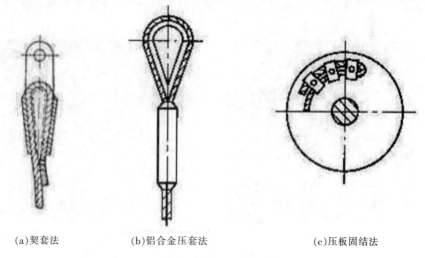

(a)契套法   (b)铝合金压套法   (c)压板固结法

图1.2-45 钢丝绳绳端的固接方式示意图

1.2.4.3 吊钩保险装置的构造

吊钩保险装置(图1.2-46)是防止吊索脱落而发生事故的保险装置。吊钩表面应光滑,不得出现裂纹、刻痕、锐角等。

(a)实物图　　　　　　　(b)装置示意图

图 1.2-46　吊钩保险装置

1.2.4.4　滑轮的构造

　　塔式起重机的滑轮(图 1.2-47)分为装在固定轴上的定滑轮和装在活动轴上的动滑轮,多采用灰铸铁、球铁、铸钢、铸型尼龙等材质制成。滑轮直径应与钢丝绳直径相匹配,滑轮绳槽深度、绳槽底圆曲率半径、绳槽夹角等参数必须符合国家规定。

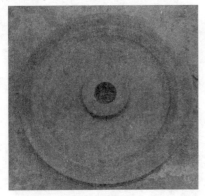

(a)铸型尼龙滑轮　　　　　　　(b)铸铁滑轮

图 1.2-47　滑轮

1.2.4.5　卷筒的构造

　　卷筒(图 1.2-48)由卷盘、行星齿轮箱、圆锥减速器、卷筒集电路、电动机等组成,用于缠绕钢丝绳。卷筒表面要光滑,以避免钢丝绳的不正常磨损;卷筒两端要有凸缘,以防止钢丝绳脱离筒体;卷筒加工要有绳槽,以保证钢丝绳正确缠绕,减少磨损和损坏。

图 1.2-48 卷筒

1.2.4.6 联轴器的构造

联轴器(图 1.2-49)是连接主动轴和从动轴并使之共同旋转的机械部件。在高速重载的动力传动中,联轴器有缓冲、减震和提高轴系动态性能的作用。

图 1.2-49 梅花弹性联轴器

1.2.5 电气控制系统的构造

塔式起重机是机电一体化的大型起重装置,主要动力来源为电能,控制系统和最终的执行器件通过将电能转化为磁能、机械能实现起重设备的正常运行。

1.2.5.1 电动机的构造

电动机是一种将电能转换为机械能并输出机械能的动力设备。电动机分为交流电动机和直流电动机,交流电动机又分为同步电动机和异步电动机。交流异步电动机又分为鼠笼式电动机、绕线式电动机、变频电动机和力矩电动机。

超重型塔式起重机,一般采用直流电动机进行驱动。一般的塔式起重机采用三相交流异步电动机(图 1.2-50)进行驱动。三相交流异步电动机的种类很多,但基本构造相同,由定子和转子两大部分,以及端盖、轴承、接线盒、吊环等附件组成。三相交流异步电动机具备下列特性:能适应频繁短时工作,启动转矩比较大,启动容易,启动电流小,过载能力高,能够适应露天恶劣天气作业环境。

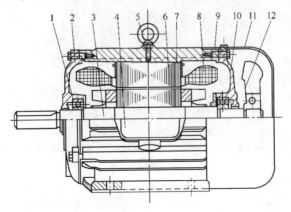

1.轴承　2.前端盖　3.转轴　4.接线盒　5.吊环　6.定子铁心
7.转子　8.定子绕组　9.机座　10.后端盖　11.风罩　12.风扇
图 1.2-50　封闭式三相笼型异步电动机结构图

塔式起重机上常用的电动机有多速电动机、绕线电动机、变频电动机和力矩电动机。

1)多速电动机

多速电动机(图 1.2-51)通过改变电动机的级数从而改变电动机的转速,制造维修简单,在塔式起重机上起升和变幅机构上得到大量应用。但多速电动机为变极调速,在启动、制动、换速时冲击较大,不应长时间使用低速档。

2)绕线电动机

绕线电动机(图 1.2-52)通过在电机转子回路中串接电阻来实现电动机的转速控制,相对多速电动机,绕线电动机具有启动平稳、启动转矩大、调速范围大、控制方式简单等特点,在塔式起重机的回转机构上得到大量应用。

图 1.2-51　多速电动机　　　　图 1.2-52　绕线电动机

图 1.2-53 变频电动机

图 1.2-54 力矩电动机

3)变频电动机

变频电动机(图 1.2-53)通过改变输入电动机的电源频率来改变电动机的转速,具有启制动平稳、低速就位等特点,在大型塔式起重机上使用较多。但变频电机需要增设专用的变频器装置来实现频率的改变,成本较高。

4)力矩电动机

力矩电动机(图 1.2-54)通过改变电动机定子电压而改变电动机的转速。调压调速一般通过专用的调压器(如 RCV)进行调整,在大型塔式起重机回转机构上使用较多。

1.2.5.2 控制系统的构造

塔式起重机通过相应的电气元器件组搭,形成相应的逻辑控制,从而实现塔式起重机的控制。塔式起重机常用的控制方式有继电—接触器控制方式和可控制编程器(PLC)控制方式。PLC 控制方式从很大程度上简化了继电—接触器控制的硬线连接线路,实现逻辑关系的简单可变;通过与计算机的连接,修改程序、改变控制逻辑、优化控制方案;可以减少设备的故障率,设备的检查维护、故障的判断更加方便。

1)操作台的构造

操作台是塔式起重机动作的命令源,通过操作台给出正确的命令指令,塔式起重机的各个机构做出对应的正确动作。操作台设有零位自锁装置,在对操作手柄操作前,需进行零位解锁。零位解锁分为下压式(图 1.2-55)和上提式(图 1.2-56)。

图 1.2-55　下压式操作台　　　　图 1.2-56　上提式操作台及内部构造

2)电控箱的构造

电控箱(图 1.2-57)是整个起重机械设备正常运行的中间枢纽,通过接收操作控制系统的命令和安全保护装置的信号指令并根据逻辑关系,确保动作执行机构正确、安全运行。电控箱内的各种电气元器件(图 1.2-58)组搭,实现塔式起重机逻辑控制。

图 1.2-57　电控箱　　　　　　图 1.2-58　电控箱内部图

3)常用电气元器件的构造

(1)断路器的构造

断路器(图 1.2-59)主要用于动力回路和控制回路中,起短路(或过载)保护作用。

图 1.2-59 断路器

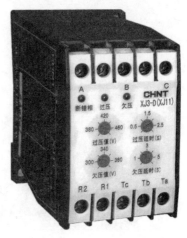

图 1.2-60 欠压、过压、错断及相序保护器

(2)欠压、过压、错断及相序保护器的构造

欠压、过压、错断及相序保护器(图 1.2-60)是一种对电压进行检测的保护装置。当供给的电压出现欠压、过压、错断、缺相和相序不正确等情况时,保护器动作,切断设备电源,保护设备的安全。

(3)可编程控制器的构造

可编程控制器(PLC,图 1.2-61)是将控制逻辑通过软件编程进行集中控制的电气元器件,可以减少大量的中间继电器和时间继电器,也可以减小电控箱的外观尺寸。

图 1.2-61 可编程控制器

(4)接触器的构造

接触器(图 1.2-62)用于动力回路中,对电机的正(反)转、档位切换等进行控制。

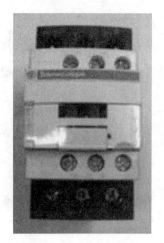

图 1.2-62　接触器

(5)时间继电器、中间继电器的构造

时间继电器和中间继电器(图 1.2-63)是继电—接触控制回路中用于组搭控制逻辑的电气元器件,对整个控制回路的逻辑关系进行控制。

图 1.2-63　时间继电器、中间继电器

(6)热继电器的构造

热继电器(图 1.2-64)主要用于电动机的过载保护,当电动机过载发热时,热继电器动作,切断电动机电源,从而起到保护作用。

图 1.2-64　热继电器

(7)变频器、制动单元的构造

变频器用于变频电动机的调速,可以实现电动机的低速就位和启制动的平稳,减少冲击,还可以实现电动机的无极调速。制动单元是电动机减速(或重载下放)时,将电动机产生的电能进行释放的电气元器件。变频器、制动单元如图1.2-65 所示。

图 1.2-65 变频器、制动单元

(8)二极管的构造

二极管(图 1.2-66)在控制系统中的功能:作为整流使用,通过整流桥将交流电转化成直流电;在直流刹车系统中,作为续流使用。

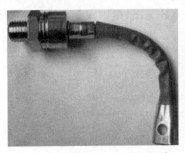

图 1.2-66 二极管

(9)变压器的构造

变压器(图 1.2-67)是将 380 V 电压转换成所需的控制电压(或安全电压)的电气元器件,塔式起重机控制回路中的控制电压必须经过隔离变压器。

图 1.2-67 变压器

(10)熔断器的构造

熔断器(图1.2-68)是使熔体在电流超出限定值时熔化,从而分断电路的一种用于过载和短路保护的电气元器件。当用电设备发生过载(或短路)时,熔体能熔化而分断电路,避免由于过电流热效应及电动力引起用电设备的损坏。

图1.2-68　熔断器

(11)电缆卷筒的构造

电缆卷筒(图1.2-69)是轨道式塔式起重机必须装备的,外界电源经由电缆卷筒引到塔式起重机控制柜再分送到各个用电部位。电缆的一端由卷筒引出经由导缆盒架引至配电柜,电缆的另一端则经过电缆卷筒中心处橡胶衬套伸入中空的轴再接至集电环处。电缆的张紧力,可通过调整摩擦滑轮传递的扭矩调定。

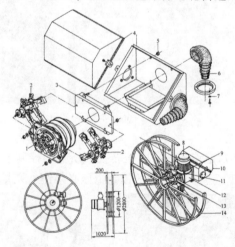

1.集电环组件　2.电刷　3.支座　4.集电环罩盖　5.螺母　6.套管
7.环座及螺栓　8.电动机　9.集电环组件　10.集电环部件　11.螺栓及垫圈
12.摩擦传动部件　13.电缆扣　14.电缆卷筒法兰盘端板

图1.2-69　电缆卷筒

(12)电缆的构造

电缆是连接电源、操作台、电控箱和电动机的中间连接件,通过电缆将塔式起重机电控系统的各个部分有机地联系在一起,确保塔式起重机的运行。电缆分为动力电缆(橡套电缆,图 1.2-70)和控制电缆(多芯电缆,图 1.2-71)。

图 1.2-70　动力电缆

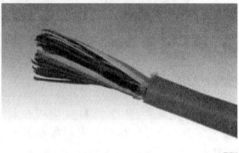

图 1.2-71　控制电缆

1.2.6　安全监控装置的构造

安全监控装置是具有显示记录功能的保护装置,能直观、明显地把塔式起重机上各种限制器的参数用数字(或图像)表示。安全监控装置主要由数据采集装置(传感器)、数据处理(主机装置)和显示终端(显示器)装置(图 1.2-72)、数据传输模块组成。

图 1.2-72　安全监控装置显示器

塔式起重机的安全监控装置应具备超载报警、限位报警、风速报警、群塔作业防碰撞预警、静态区域限位预警、作业历史数据记录、平台监管等功能。

以某公司生产的 TK2600/S 塔式起重机(图 1.2-73)为例:直测型力矩控制器可以实时测量力矩、重量和幅度的变化,可以实时显示和记录力矩、重量和幅度的数值,可以控制塔机运行、及时报警。

图 1.2-73　TK2600/S 直测型力矩控制器

以某公司生产的 TK6800 G 塔式起重机为例：直测型力矩综合保护器包含力矩限制器(图 1.2-74)、起重量限制器(图 1.2-75)、起升高度和小车幅度限制器(图 1.2-76)、回转角度限制器、风速仪(图 1.2-77)等多个保护装置,拥有力矩、重量、起升高度、小车幅度、回转角度、风速等多个参数的检测、监控及保护功能。同时,其配备有 GPRS 发射模块,通过远程监控软件可以实现远程监控功能,能够确保塔式起重机运行更加安全、可靠,监控更加到位。

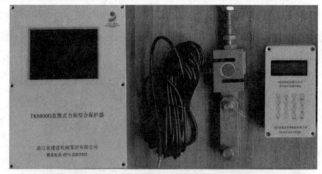

图 1.2-74　TK6800G 直测型力矩综合保护器(力矩限制器)

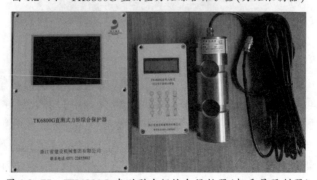

图 1.2-75　TK6800G 直测型力矩综合保护器(起重量限制器)

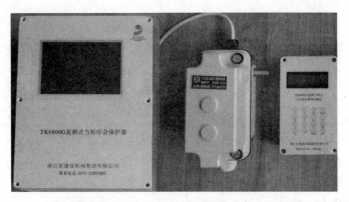

图 1.2-76 TK6800G 直测型力矩综合保护器(起升高度和小车幅度限制器)

图 1.2-77 风速仪

1.2.7 塔式起重机的基础

在安装塔式起重机之前,应根据塔式起重机的形式,对塔式起重机基础的强度、地基承载力等进行计算,并确定施工方法。较为常用的基础形式有整体钢筋混凝土基础(以下简称"整体式基础")、钢格构柱与钢筋混凝土(型钢平台)承台组合基础(以下简称"组合式基础")。

1.2.7.1 整体式基础

固定式塔式起重机的整体式基础,采用钢筋与混凝土浇捣而成,一般如图 1.2-78 所示。

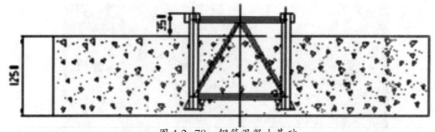

图 1.2-78　钢筋混凝土基础

1)基本规定

①地基承载力应不小于 0.2 MPa。不能满足要求的,应由有相应资质的设计单位另行设计计算。

②混凝土强度不小于 C35 或符合设计要求,基础的厚度、边长不小于设计值。

③预埋的地下节应与基础内部钢筋可靠连接。

④地下节埋设后,要确保露出端面的 4 根主弦杆垂直度偏差不大于 1‰、主弦杆上端面露出混凝土面的尺寸符合要求、地下节周围混凝土的充填率达到95%以上。

2)施工要点

①混凝土保养时间应符合规定要求。

②桩的间距布置、桩的承载力应符合设计要求。

③预埋地下节(或螺栓)应在混凝土浇捣前找平。

④预埋地下节(或螺栓)的螺栓露出长度应符合设计要求。

1.2.7.2　组合式基础

当整体式、桩基承台式等基础形式无法适应施工场地条件(基础位置选择困难)时,可采用钢格构柱与钢筋混凝土承台、钢格构柱与型钢平台组合的方式,设计塔式起重机基础,以满足现场施工需要。组合式基础设计时,要确保安装位置能避开建筑结构的承台、梁、柱等结点,要考虑塔式起重机上部附墙的安装和使用。组合式基础的特点:占地面积小,选点方便,很少占用绝对工期(逆作法施工)。

1)基本规定

(1)格构柱(钻孔灌注桩)

①灌注桩直径不宜小于 800 mm,桩钢筋笼需全长配置(抗拔要求),桩根数不少于 4 根,桩间距、桩身混凝土强度、桩配筋应符合要求。

②构柱截面尺寸不应小于 450 mm×450 mm,分肢采用等边角钢。

③构柱锚入钻孔灌注桩内的长度不宜小于 2.5 m,钢格构柱与桩钢筋笼的纵

向钢筋采用电焊焊接(焊接区长度不宜小于 2.5 m),焊接区钢筋笼箍筋加强加密。

④构柱应由具备资质的专业单位制作,应符合《钢结构设计规范》(GB 50017—2014)、《塔式起重机混凝土基础工程技术规程》(JGJ/T 187—2009)的规定。

⑤构柱应采用汽车吊(或其他起重机械)吊装插入桩孔,确保 4 根钢格构柱轴线重合,4 根钢格构柱的 4 个立面平直。

⑥控制桩顶标高,确保钢格构柱与钻孔灌注桩搭接位置正确。

(2)筋混凝土承台

①混凝土承台基础采用的钻孔灌注桩的桩间距宜大于塔式起重机埋入基础加强节的外包尺寸。

②加强节埋入承台深度不宜小于 1000 mm,钢格构柱锚入承台的长度不宜低于承台厚度的中心并满足抗拔要求,宜在邻近承台底面处焊接承托角钢(规格同分肢)。

③安装和使用起重机时,承台基础混凝土强度必须达到设计要求(安装塔式起重机时,承台基础混凝土强度应达到设计强度的 80%以上;塔式起重机运行使用时,承台基础混凝土强度应达到 100%的设计强度)。承台基础混凝土浇捣后,应及时覆盖薄膜保温保湿,混凝土初凝后浇水保养,控制温差裂缝和收缩裂缝。

(3)钢平台

型钢平台基础采用的钻孔灌注桩的桩间距宜与预埋基础加强节的中心距一致。型钢平台的设计应符合《钢结构设计规范》(GB 50017—2014)的规定。

①厚钢板中心应与钢格构柱中心重合,每根钢格构柱与承重厚钢板用不少于 4 颗的 M30 螺栓连接,承重厚钢板下方与钢格构柱每柱边用不少于 3 块的 16 mm 厚钢板做加强筋板。承重厚钢板与塔身连接的螺栓孔宜用电磁吸力钻打孔,严禁用气割成孔。孔径应与螺栓直径相符。

②主次梁应连接于格构式钢柱,连接长度不小于钢格构柱宽度,宜采用焊接。型钢主次梁要能承受上部结构传递的弯矩和扭矩,巩固 4 根钢格构柱的稳定性,确保不变形。

③构柱周边土体开挖后,应及时架设水平支撑和垂直支撑。水平支撑间距不大于 1600 mm,支撑杆件与钢格构柱连接处设置连接板,严禁支撑杆件直接焊接在钢格构柱主肢杆上。垂直支撑斜杆与水平面的夹角宜按 45°~60°布置。

④开挖到位后,及时制作混凝土承台基础。

⑤起重机底部与基础承重钢板连接的塔身,必须为生产厂家提供的加强基础节,严禁用其他标准节代替。承重钢板下方应加垫钢套,钢套壁厚大于 30 mm;

加强基础节安装前,应对承重钢板进行测量,确保水平误差小于 0.004 mm。

2)施工要点

①确保混凝土浇捣的密实度,严禁出现空洞现象。

②混凝土浇捣后,应及时覆盖薄膜保温保湿,混凝土初凝后浇水保养。

③严格控制钢格构的垂直度。

④严格控制钢筋混凝土承台基础、型钢平台基础的水平度。

⑤确保钢格构柱与钢筋混凝土承台(或型钢平台)之间的连接达到设计要求。

1.3 塔式起重机的安装、使用与拆卸

1.3.1 安装

1.3.1.1 准备工作和注意事项

(1)安装人员要对现场布局和土质情况进行充分检测,及时清理各类障碍物。

(2)准备吊装机械和足量的铁丝、钢丝绳、绳扣等工具。

(3)在三相四线制电网中,使用前,零线不能接塔身,接地电阻不得大于4 Ω。

(4)安装前,应先摇测电动机、导线间与导线对地的绝缘电阻值,确保其符合规定要求。

(5)有架空输电线的场所,塔机与输电线的安全距离应严格按表 1.3-1 的规定执行。

表 1.3-1　塔式起重机与输电线的安全距离

电压(kV)	<1	1~15	20~40	60~110	220
沿垂直方向安全距离(m)	1.5	3.0	4.0	5.0	6.0
沿水平方向安全距离(m)	1.0	1.5	2.0	4.0	6.0

1.3.1.2 安装程序

塔式起重机的安装步骤 (以浙江省建设机械集团有限公司生产的 ZJ5710 型塔式起重机为例)如下:

(1)按基础图的要求浇注混凝土基础。

(2)吊起基础节,安装在地下节上,拧紧螺栓(预紧力矩 2000 N·m)。有踏步的一面要与建筑物长度方向垂直,保证塔式起重机方便装拆(图 1.3-1);严格控制塔身垂直度。

(3)在地面拼装爬升架并安装液压系统;吊起爬升架,放到基础上(图 1.3-2)。

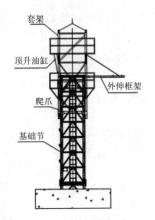

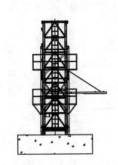

图 1.3-1　基础节起吊　　图 1.3-2　拼装爬升架

(4)吊起司机室,安放在上支座的上面,用销轴连接固定。

(5)将上下支座、回转支承和司机室连成一体后安装到塔身上,用销子和螺栓连接固定,见图 1.3-3。

(6)在塔顶上拼装一节平衡臂拉杆,吊至塔顶,用销子固定在上支座上,见图 1.3-4。

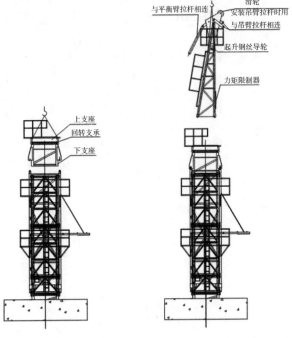

图 1.3-3　拼装上下支座和回转支承　　图 1.3-4　拼装塔顶

(7)在地面拼装平衡臂,吊起后与上支座用销轴连接牢固。抬起平衡臂,安装平衡臂拉杆,卸载吊车(图 1.3-5)。

(8)吊起 1 块平衡重,放在平衡臂靠塔身一侧的位置 (图 1.3-6)。

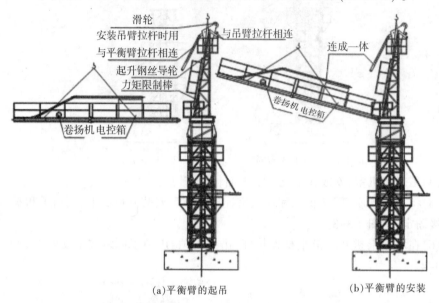

(a)平衡臂的起吊　　　　　　　　(b)平衡臂的安装

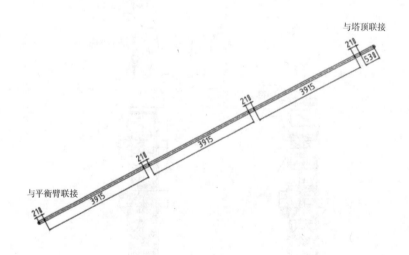

(c)平衡臂拉杆的组成

图 1.3-5　安装平衡臂

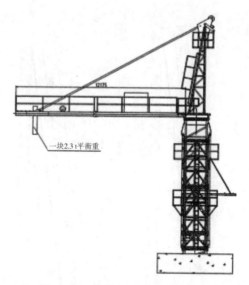

一块2.3 t平衡重

图 1.3-6　起吊 2.3 t 的平衡重

(9)安装起重臂与起重臂拉杆

①起重臂节和拉杆节的配置见图 1.3-7、图 1.3-8,次序不得混乱。

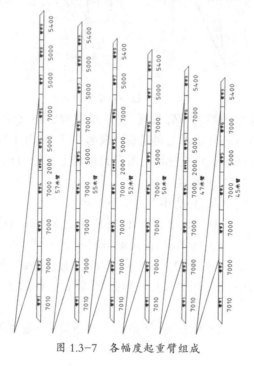

图 1.3-7　各幅度起重臂组成

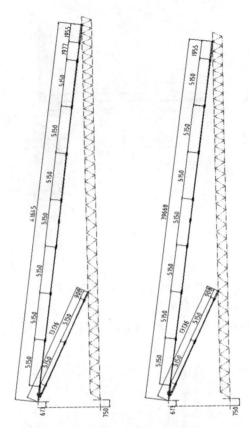

图 1.3-8　组合起重臂拉杆

②按起重臂编号和组合吊臂长度,将起重臂搁置到支架上,用销轴连接牢固。将安装好的小车和吊篮固定到起重臂根部位置,见图1.3-9。

③拼接吊臂拉杆,用销轴连接后,固定到吊臂上弦杆的相应支架上。起重臂拉杆与塔顶的连接安装,见图1.3-10。

④检查吊臂上的电路,穿绕小车牵引钢丝绳。

⑤用汽车吊将吊臂总成后平稳提升,安装在上支座的吊臂铰点上。

⑥将吊臂与上支座连接牢固后,用起升机构钢丝绳,通过塔顶和吊臂拉杆上的一组滑轮将拉杆拉起(图1.3-9),将短拉杆的连接板用销轴固定在塔顶的拉板Ⅱ(图1.3-10(b))上。调整长拉杆的高度,将长拉杆的连接板用销轴固定在塔顶的拉板Ⅰ上。

⑦将起升机构的钢丝绳松弛,缓慢放下起重臂,松脱滑轮组上的起升钢丝绳。

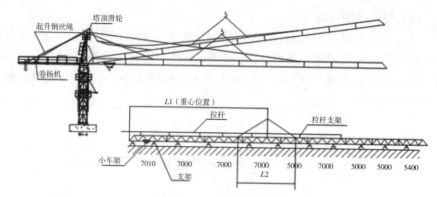

图 1.3-9 起重臂及拉杆系统

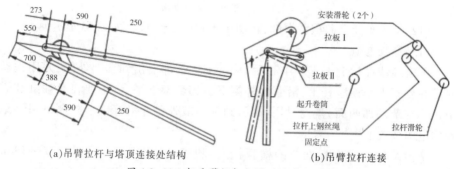

(a)吊臂拉杆与塔顶连接处结构　　　　　　　　　　(b)吊臂拉杆连接

图 1.3-10 起重臂拉杆与塔顶的连接安装

（10）吊装平衡重

按起重臂长度和规定的平衡重重量,依次将各平衡重吊入平衡臂尾部并安装在平衡臂上的三角板上。第1块平衡重一定要放正,0.8 t的小平衡重平放在平衡臂上固定的位置(图1.3-11)。平衡重安装后,平衡重上的销轴应可靠搁置于平衡臂的三角板上,销轴两端应超出三角板。

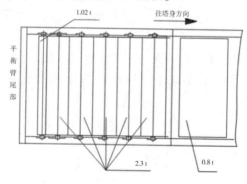

图 1.3-11 平衡重配置

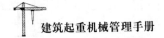

(11)绕起升钢丝绳

从卷筒引出起升钢丝绳,经塔顶导向滑轮绕过起重量限制器滑轮后,引向小车滑轮并与吊钩滑轮穿绕后,将绳端固定在臂头上。钢丝绳应用不少于3个的钢丝绳夹固定,绳夹方向应一致,绳夹间的距离应为6~7倍钢丝绳直径,钢丝绳夹布置如图1.3-12所示。

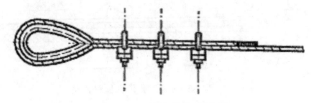

图 1.3-12　钢丝绳夹布置图

(12)将小车开至起重臂根部,转动小车上的小储绳卷筒,张紧牵引绳

(13)穿绕电缆

①电缆线穿过上下支座中心后,从下支座下部引出到套架外侧,并用铁丝固定在套架上部横腹杆上;沿套架外侧下引到套架下平台(不要在有油缸和需引进标准节的那两面)盘绕,另一端引到标准节外侧并沿标准节外侧下引到地面的电源装置上。

②电缆线固定在标准节的横腹杆上,随塔身的增高而增加长度(一般每20 m固定一次)。顶升前,必须放松盘绕在套架下平台与标准节之间的电缆,电缆放松长度要大于总的爬升高度。电缆线在安装和使用过程中不得绷直。

1.3.1.3　标准节安装

1)标准节安装程序

(1)把起重臂旋转到引入标准节的方向(如要安装多个标准节,应把标准节依次排列在起重臂正下方)。顶升加节前,塔机必须处于图1.3-13所示状态,平衡臂不得偏转;顶升(加节)过程中,严禁回转吊臂;风力大于4级,不得进行顶升操作。

(2)放松电缆,用销子将爬升架与下支座连接牢固。

(3)用塔机自身的吊钩吊起1个标准节,安装引进轮后放至引进平台的轨道上。

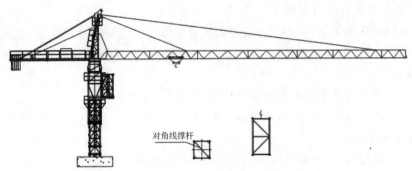

图1.3-13　标准节的安装

　　(4)用塔式起重机自身吊钩吊起另一标准节,来回跑小车,找出最佳平衡点(观察下支座与标准节连接处主弦杆的相对位置)。

　　(5)确认导向滚轮与塔身的间隙合适后,拆除塔身与下支座之间的螺栓。

　　(6)开动液压顶升系统,将顶升横梁(图1.3-14)搁置在塔身踏步上,锁好闩杆,确保顶升横梁两端受力均匀,上部重心落在顶升油缸梁的位置。

　　(7)将油缸缩回,拧紧下支座与塔身连接面对角线上的螺栓。

　　(8)开动小车,将标准节(平衡用)吊至引进平台上方,安装引进轮后放至引进平台上。按前述方法,加入该标准节,拧紧下支座与塔身之间的连接螺栓。

　　(9)为降低塔机的重心、减小迎风面积,顶升完成后,应将爬升架下降至塔身底部并加以固定。

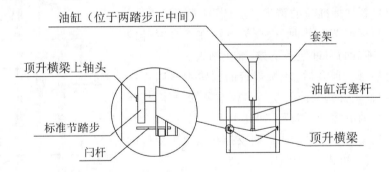

图1.3-14　顶升横梁细部示意图

　　(10)加节完成后,应将臂架旋转至不同的角度,确认塔身标准节各接头处的螺栓拧紧牢固。

　　(11)安全装置调整后(调整方法见后),塔机可以进入工作状态。

　　(12)若还要加节,按上述方法进行即可(但必须在安全装置调整完成后方可进行)。

2)顶升作业注意事项

(1)顶升作业要有专人指挥,专人负责电源、液压系统、紧固螺栓、下部爬爪和油缸下部顶升横梁的操作,无关人员不得进入,不得擅自启动开关或其他电气设备。

(2)特殊情况下需在夜间顶升作业时,应有充足的照明。

(3)顶升作业应在风力4级以下进行。作业过程中,遇风力加大,即停止工作并紧固螺栓。

(4)顶升前,应将电缆放松、紧固,电缆长度要大于总爬升高度。

(5)加节过程中,严禁回转起重臂。

(6)顶升过程中,应随时观察套架(相对顶升横梁与塔身)的运动情况,发现异常立即停止作业。

(7)顶升过程中发生故障,应立即停车检查。查明并排除故障后,才能继续顶升。

(8)禁止在塔身接头平面对角线撑杆上起吊标准节;合理控制起吊钢绳的长度,便于标准节的起吊。

(9)加节时,要调整高度限制器,使其不起作用;拆除吊钩防脱绳装置以使吊钩能靠近小车架。加节完成后,恢复高度限制器和吊钩防脱绳装置。

(10)多个标准节连续加节时,至少要拧紧塔身标准节与下支座对角线上的2个螺栓。

(11)新加标准节的踏步,应与塔身节踏步对准。

(12)标准节安装时,操作人员应在平台栏杆内操作;标准节的引进轨道下方,禁止站人。

(13)每次顶升后,应按规定的预紧力紧固连接螺栓,调整爬升套架滚轮与塔身标准节的间隙,切断液压系统的电源,操作杆要回到中间位置。

(14)套架的两只爬爪同时支撑在塔身主弦杆的踏步上后,方可进行顶升(图1.3-15)。

1.3.1.4　机构安全保护装置调整

在塔机安装完成后,开始工作前,应及时调整好起重力矩限制器、起重量限制器、幅度限位器、起升高度限位器、回转限位器、制动器等安全保护装置,确保塔机平稳运行。机构安全保护装置调整和校核时的重量和幅度,见表1.3-2(以6 t机构为例)。

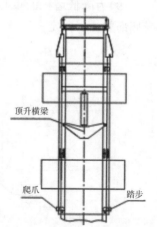

顶升横梁

爬爪　　　　踏步

图1.3-15　爬爪支撑在踏步上

表 1.3-2 6 t 机构安全保护装置调整和校核时的重量和幅度表

			57		55	
起重臂安装幅度(m)			57		55	
6 t 起升机构	力矩限制器调试	定幅变码	幅度(m)	57(R_0)		55(R_0)	
			重量(t)	1.00(Q_0)	1.10(1.1Q_0)	1.1(Q_0)	1.21(1.1Q_0)
			起升动作	正常	不能上升	正常	不能上升
		定码变幅	重量(t)	6(Q_m)		6(Q_m)	
			幅度(m)	14.80(1.1R_m)~13.45(R_m)	10.76(0.8R_m)	15.22(1.1R_m)~13.84(R_m)	11.07(0.8R_m)
			起升动作	不能上升		不能上升	
			小车动作	不能向外变幅	自动转为低速运行	不能向外变幅	自动转为低速运行
	力矩限制器校核	定幅变码	幅度(m)	18.35($R_{0.7}$)		18.90($R_{0.7}$)	
			重量(t)	4.2($Q_{0.7}$)	4.6(1.1$Q_{0.7}$)	4.2($Q_{0.7}$)	4.6(1.1$Q_{0.7}$)
			起升动作	正常	不能上升	正常	不能上升
		定码变幅	重量	3(0.5Q_m)		3(0.5Q_m)	
			幅度	26.90(1.1$R_{0.5}$)~24.45($R_{0.5}$)	19.56(0.8$R_{0.5}$)	27.71(1.1$R_{0.5}$)~25.19($R_{0.5}$)	20.15(0.8$R_{0.5}$)
			起升动作	不允许上升		不允许上升	
			小车动作	不能向外变幅	自动转为低速运行	不能向外变幅	自动转为低速运行
	起重量限制器调整		幅度(m)	10		10	
			重量(t)	3	3.3	6	6.6
			起升动作	正常	没有第三档速度	没有第三档速度	不能上升

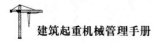

续表

			52		50	
起重臂安装幅度(m)			52		50	
6t起升机构	力矩限制器调试	定幅变码 幅度(m)	$52(R_0)$		$50(R_0)$	
		定幅变码 重量(t)	$1.40(Q_0)$	$1.54(1.1Q_0)$	$1.50(Q_0)$	$1.65(1.1Q_0)$
		定幅变码 起升动作	正常	不能上升	正常	不能上升
		定码变幅 重量(t)	$6(Q_m)$		$6(Q_m)$	
		定码变幅 幅度(m)	$17.04(1.1R_m)\sim15.49(R_m)$	$12.29(0.8R_m)$	$17.25(1.1R_m)\sim15.68(R_m)$	$12.54(0.8R_m)$
		定码变幅 起升动作	不能上升		不能上升	
		定码变幅 小车动作	不能向外变幅	自动转为低速运行	不能向外变幅	自动转为低速运行
	力矩限制器校核	定幅变码 幅度(m)	$21.20(R_{0.7})$		$20.4(R_{0.7})$	
		定幅变码 重量(t)	$4.2(Q_{0.7})$	$4.6(1.1Q_{0.7})$	$4.2(Q_{0.7})$	$4.6(1.1Q_{0.7})$
		定幅变码 起升动作	正常	不能上升	正常	不能上升
		定码变幅 重量	$3(0.5Q_m)$		$3(0.5Q_m)$	
		定码变幅 幅度	$31.12(1.1R_{0.5})\sim28.29(R_{0.5})$	$22.63(0.8R_{0.5})$	$31.50(1.1R_{0.5})\sim28.64(R_{0.5})$	$22.91(0.8R_{0.5})$
		定码变幅 起升动作	不允许上升		不允许上升	
		定码变幅 小车动作	不能向外变幅	自动转为低速运行	不能向外变幅	自动转为低速运行
	起重量限制器调整	幅度(m)	10			
		重量(t)	2		2.2	
		变幅动作	正常		没有高速档	

			47		45	
起重臂安装幅度(m)			47		45	
6t起升机构	力矩限制器调试	定幅变码 幅度(m)	$47(R_0)$		$45(R_0)$	
		定幅变码 重量(t)	$1.50(Q_0)$	$1.65(1.1Q_0)$	$1.80(Q_0)$	$1.98(1.1Q_0)$
		定幅变码 起升动作	正常	不能上升	正常	不能上升
		定码变幅 重量(t)	$6(Q_m)$		$6(Q_m)$	
		定码变幅 幅度(m)	$16.48(1.1R_m)\sim14.98(R_m)$	$11.98(0.8R_m)$	$17.84(1.1R_m)\sim16.22(R_m)$	$12.98(0.8R_m)$
		定码变幅 起升动作	不能上升		不能上升	
		定码变幅 小车动作	不能向外变幅	自动转为低速运行	不能向外变幅	自动转为低速运行
	力矩限制器校核	定幅变码 幅度(m)	$20.19(R_{0.7})$		$22.20(R_{0.7})$	
		定幅变码 重量(t)	$4.2(Q_{0.7})$	$4.6(1.1Q_{0.7})$	$4.2(Q_{0.7})$	$4.6(1.1Q_{0.7})$
		定幅变码 起升动作	正常	不能上升	正常	不能上升
		定码变幅 重量	$3(0.5Q_m)$		$3(0.5Q_m)$	
		定码变幅 幅度	$29.68(1.1R_{0.5})\sim26.94(R_{0.5})$	$21.55(0.8R_{0.5})$	$32.60(1.1R_{0.5})\sim29.64(R_{0.5})$	$23.71(0.8R_{0.5})$
		定码变幅 起升动作	不允许上升		不允许上升	
		定码变幅 小车动作	不能向外变幅	自动转为低速运行	不能向外变幅	自动转为低速运行
	起重量限制器调整	幅度(m)				
		重量(t)				

1.3.2 使用

1.3.2.1 基本要求

(1)司机应身体健康,体检合格,无不适合登高作业的各类疾病,且经培训合格后持证上岗。

(2)塔机基础应符合设计要求。

(3)塔机正常工作环境气温在-20~50 ℃之间,风力应低于6级。

(4)用户首次安装塔机时,生产厂家应派员到场指导,按规定进行各类试验、调整各类安全装置;双方共同验收合格、履行交接手续后,方可投入使用。工地转移重新安装后,用户应自行按规定进行各类试验,调整各类安全装置,并做好记录。

(5)夜间作业时,除塔机本身照明外,施工现场应有充足的照明设施。

(6)司机室内严禁存放各类易燃、易爆物品,非工作人员不得进入。

(7)塔机电气系统的接地措施必须确保良好、到位。

(8)塔机供电系统必须安装三相四线漏触电保护器。

(9)塔机操作应专机专人负责,处理故障应有2名以上专业维修人员。

1.3.2.2 操作要求

(1)塔机司机必须在得到指挥信号后才能操作,操作前应鸣笛、示警。

(2)司机应严格按规程操作,不得超重运载。

(3)起升和回转等机构必须稳起稳停、逐档变速,不得长时间使用慢速档。

(4)回转制动器严禁当作制动"刹车"使用。

(5)工作时,吊钩不得着地(或搁置在其他物体上),以防止卷筒乱绳。

(6)使用中,发现任何异常情况,必须立即停车。

(7)紧急情况下,任何人发出停车信号,都必须立即停车。

(8)塔机不得斜拉、斜吊,严禁用于拔桩;塔机吊臂上的吊篮应固定在臂架根部,仅供维修时使用。

(9)发现任何不安全情况,应立即停车,整改到位后,方可重新启动。

(10)工作中,不得进行调整和维修作业。

(11)工作中,禁止其他人员进入臂架活动范围内。

(12)不得随意改动液压系统安全阀的数值、电器系统保护装置的调整值、机构安全保护装置的调整值。

(13)塔机作业完毕,回转机构松闸,吊钩升至上限位,小车收进。

1.3.2.3 安全要求

(1)操作者应按照《塔式起重机操作使用规程》(JG/T 100—1999)和使用说

明书的要求进行检查、维修和保养。

(2)两台以上的塔式起重机工作时,应根据《塔式起重机安全规程》(GB 5144—2006)的规定,采用不同标高的方法错开,避免相互碰撞。

(3)塔机作业区域附近有高压线时,应根据《塔式起重机安全规程》(GB 5144—2006)的规定,保证安全距离。如果难以做到,必须做好相应的防护措施,避免发生安全事故。

(4)正常情况下,小车应停在臂架端部(最大幅度处);遇 10 级以上大风时,小车应停在臂架根部(最小幅度处)。

1.3.3 拆卸

1.3.3.1 拆卸步骤

塔机的拆卸方法与安装时基本相同,操作步骤与安装时相反(后装的先拆,先装的后拆)。拆卸时,应将塔机旋转至拆卸区域,确保无影响拆卸作业的任何障碍。

1.3.3.2 拆卸时的注意事项

(1)操作人员应经培训合格后持证上岗。

(2)塔机拆卸前,必须对机构进行保养,试运转。

(3)试运转时,应重点检查限位器、制动器的可靠性,并经常检查主要受力件的外观情况。

(4)拆卸作业应在风力 5 级以下时进行。

(5)拆卸塔机时,建(构)筑物已建成,作业受限较大,应合理安排工作流程,严防安全事故的发生。

(6)顶升机构工作时,应重点观察相对运动件的位置是否正常,是否有阻碍爬升架运动的物件。

(7)塔机标准节拆卸后、下支座与塔身螺栓未连接到位前,回转机构、牵引机构和起升机构禁止使用。

(8)拆除塔身标准节和各类部件时,应按使用说明书的规定要求进行操作,防止机毁人亡。

(9)拆除标准节时,应检查爬爪是否能自动恢复到水平状态,是否有被障碍物卡住的现象。

1.3.3.3 拆卸后的注意事项

(1)工程技术人员和专业维修人员应对塔机进行全面检查。

(2)检查主要受力结构件的变形、裂纹、金属疲劳等情况,检查零部件的损坏和碰伤等情况。

(3)修复缺陷、隐患后,进行防锈、刷漆处理。

第2章 施工升降机

2.1 施工升降机简介

施工升降机是一种用吊笼载人载物,沿导轨架做上、下运输的施工机械,包括人货两用施工升降机(亦称人货电梯)、货用施工升降机(亦称物料提升机)。

施工升降机又称施工电梯,其导轨架通常附着于建筑物外侧,可以方便地安装和拆卸,能随着建筑物(构筑物)施工高度变化而相应自行接高(或降低)导轨架、可按楼层输送人员和材料,是建筑施工中比较理想的垂直运输机械。1973年,我国成功研制了第一台 1.2 t 的单导轨架、双工作吊笼的 SF12 型施工升降机。经过 40 多年的发展,施工升降机的品种、产量都得到了突飞猛进的发展。近些年我国施工升降机的产量占了全球 50% 以上份额。

2.1.1 分类和特点

2.1.1.1 人货两用施工升降机的分类和特点

人货两用施工升降机按传动型式分可分为齿轮齿条式(SC 型)、钢丝绳式(SS 型)和混合式(SH 型)三种。

1)齿轮齿条式

(1)类型

齿轮齿条式施工升降机是目前国内使用较多的人货两用施工升降机,吊笼通过齿轮和齿条啮合的方式做升降运动,具有安全性好、升降快捷、传动平稳、结构简单、使用方便等特点,见图 2.1–1(左图为带对重,右图为不带对重)。

图 2.1–1 齿轮齿条式施工升降机

①按驱动机构的安装位置可分为外置式和内置式。

外置式施工升降机即驱动机构位于吊笼顶部,机构与吊笼采用销轴连接。外置式机构散热效果好、维修方便,吊笼内噪声小,司乘人员较舒适,加装超载检测装置比较方便,是国内齿轮齿条式施工升降机中最主要的机型。

内置式施工升降机即驱动机构位于吊笼内部,机构与吊笼采用螺栓固定。内置式生产成本较低,但与外置式相比较缺点明显,目前使用量正逐渐减少。

②按吊笼数量可分为单笼式和双笼式。

单笼式施工升降机即仅在升降机导轨架的单侧布置一个吊笼,导轨架横截面可以设计成矩形、三角形和片式,附墙架灵活多变,生产成本较低,适用于垂直运输空间狭小、输送量较小的场合,如烟囱、水塔等高耸构筑物的施工。

双笼式施工升降机即升降机导轨架双侧各布置一个吊笼,适用于运输量较大的场合,性价比高,建筑施工中一般采用此机型。

③按驱动机构数量可分为单传动、双传动和三传动。

单传动施工升降机的动力较小,适用于运输量较小的施工升降机,一般额定载重量 1000 kg 以下。

双传动施工升降机的动力适中,适用的范围较大,国内以双传动(带对重)的施工升降机居多。对重起到平衡吊笼质量的作用,可以改善结构受力情况和增加吊笼的载重,使用时驱动机构克服吊笼自重所需的能耗较少,节能效果明显。为了在较少增加电机功率的同时大幅度提高运行速度,高速施工升降机通常使用带对重的形式。

三传动施工升降机的动力较大,通常载重量是 2000 kg 左右且不带对重。没有对重,可以省去对重钢丝绳和天轮及对重轨道的费用,方便导轨架接高。该机型最大的缺点是能耗高,不具有推广意义。

④按额定提升速度分:低速升降机、中速升降机和高速升降机。

低速升降机:额定提升速度在 38 m/min(含)以下,最大提升高度一般为 150 m。

中速升降机:额定提升速度在 38~60 m/min,最大提升高度一般为 250 m。

高速升降机:额定提升速度在 60 m/min 以上,最大提升高度一般在 250 m以上。

(2)国内人货两用施工升降机的发展现状

国内单导轨架式施工升降机的额定载重量最大可达 3200 kg。

为了满足一些特殊场合(如立体停车场、超大体积设备垂直运输、大重量货物垂直运输等)的需要,有厂家开发了双导轨架式施工升降机,额定载重量可达 6~8 t。

　　京龙工程机械有限公司开发的四导轨架式施工升降机最大载重量可达 30 t。

　　国内施工升降机额定提升速度最高可达 120 m/min，最大提升高度可达 450 m。

　　除以上类型外，还有一种倾斜式的施工升降机(图 2.1-2)，适用于外立面倾斜的建筑物施工。在上海徐浦大桥、江阴长江大桥、广东虎门大桥等著名大桥，以及杭州西湖文化广场主塔楼的施工中，均采用了该类型的施工升降机。其主要特点是无对重，导架倾斜安装(按施工需要)，吊笼地面与水平面平行。

图 2.1-2　倾斜式施工升降机

　　2)钢丝绳式

　　钢丝绳式施工升降机，其吊笼通过钢丝绳牵引的方式做升降运动，目前已较少使用，具有结构简单、使用方便等特点，适用的建筑物(构筑物)高度一般在 60 m 以下。

　　(1)按驱动机构形式可分为曳引驱动式和卷扬机驱动式。

　　曳引驱动式：曳引机(图 2.1-3)是利用钢丝绳在曳引轮槽中的摩擦力驱动吊笼和对重上下运行的装置，由电动机、制动器、联轴器、减速器、曳引轮、机架等机件组成。

　　曳引机安装在架体旁侧，曳引钢丝绳通过曳引轮，一端穿过天梁上的两组导向滑轮、垂直向下连接到吊笼顶上的多股曳引绳曳引力自动平衡装置上，另一端穿过天梁上的另两组导向滑轮连接对重装置。

　　曳引驱动式的优点：由多根钢丝绳独立并行曳引，吊笼坠落、冲顶的可能性较小；对重物可平衡吊笼的部分重力，可减小曳引机的电机容量，比较节电。曳引驱动式的缺点：增加了对重物、对重导轨

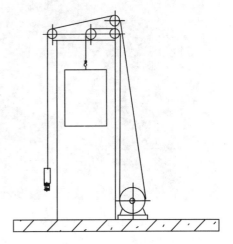

图 2.1-3　曳引机牵引式

和钢丝绳,成本较高;钢丝绳的磨损比较大,安装比较麻烦。

卷扬机驱动式:卷扬机(图2.1-4)是一种通过机械动力驱动卷筒、卷绕钢丝绳来完成牵引工作的机械装置,可以垂直提升、水平(或倾斜)拽引物料。卷扬机一般分为手动卷扬机和电动卷扬机,施工升降机基本上都用电动卷扬机。

电动卷扬机一般由电动机、制动器、联轴节、齿轮箱和卷筒等组成,安装在机架上,如图2.1-5所示。将牵引主钢丝绳头用压板固定在卷扬机的卷筒侧面,钢丝绳盘绕在卷筒上,钢丝绳绳尾穿过导轨架天梁上的导向滑轮,再垂直穿过吊笼顶上的动滑轮回到天梁上的绳尾固定座,用3个(或4个)绳卡固定。开动卷扬机,利用收、放钢丝绳使吊笼做上升(或下降)运动。

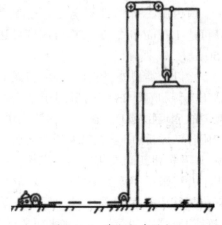

图2.1-4 卷扬机牵引式

图2.1-5 电动卷扬机

图2.1-6 单导轨架式施工升降机

卷扬机驱动式的优点是结构简单,成本低廉,缺点是容易发生吊笼坠落、冲顶事故,传动可靠性较差。

(2)按导轨架的结构形式可分为单导轨架式、双导轨架式和井架式。

单导轨架式施工升降机(图 2.1-6)由型钢组成立柱形标准节架体形式,吊笼在立柱外沿导轨做上下垂直运动。导轨架加节、拆架比较安全。采用手动起升机构(吊杆)提升标准节,加节、拆架安全可靠,可减轻工人劳动强度。

双导轨架式施工升降机(图 2.1-7)由两根立柱与天梁和地梁构成门式架体形式,吊笼在两立柱中间沿导轨做上下垂直运动。导轨架加节、拆架比较安全;采用手动起升机构(吊杆)提升标准节,加节、拆架安全可靠,可减轻工人劳动强度。

井架式施工升降机(图 2.1-8)由型钢组成井字形架体形式,吊笼在井孔内沿导轨做垂直运动。导轨架的标准节未制作成整体式(由 4 根立角钢与长横杆、短横杆、斜杆和连接板组成一个框架结构体),整机运输时可节省空间、降低运输成本,但会给搭设和拆卸作业带来不安全因素。

图 2.1-7　双导轨架式施工升降机　　　　图 2.1-8　井架式施工升降机

3)混合式

混合式施工升降机的 1 个吊笼由齿轮齿条驱动,另 1 个吊笼由钢丝绳牵引,结构复杂、制造成本高、使用不方便,现已很少采用。

2.1.1.2 货用施工升降机的分类和特点

货用施工升降机按结构类型分为龙门架式(导轨架为双柱)、井架式(单柱内包容吊笼)、立柱式(导轨架为单柱双笼)。

图 2.1-9　龙门架式　　　图 2.1-10　井字架式　　　图 2.1-11　立柱式

(1)龙门架式:由两根立柱与天梁和地梁构成门式架体形式,吊笼在两立柱中间沿导轨做垂直运动(图 2.1-9)。

(2)井字架式:由型钢组成井字形架体形式,吊笼在井孔内沿导轨做垂直运动(图 2.1-10)。

(3)立柱式:由型钢组成立柱形架体形式,吊笼在立柱外沿导轨做垂直运动(图 2.1-11)。

货用施工升降机按传动方式分为卷扬机式和曳引机式(详见 2.1.1.1 相关内容)。

2.1.2 人货两用施工升降机的型号

根据《建筑机械与设备产品分类及型号》(JG/T 5093—1997),人货两用施工升降机型号编制由组、型、特性、主参数和变型更新等代号组成(图 2.1-12),标注方法如下。

1)对重代号

有对重——D

无对重——省略

2)导轨架代号

(1) SC 型施工升降机

三角形截面——T

矩形(或片式)截面——省略

倾斜式或曲线式导轨架(不论截面形式)——Q

(2) SS 型施工升降机

导轨架为两柱——E

单柱导轨架内包容吊笼——B

不包容——省略

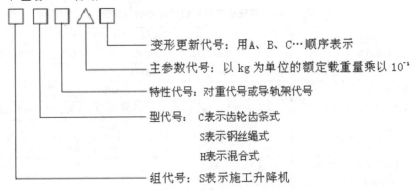

变形更新代号:用A、B、C···顺序表示

主参数代号:以 kg 为单位的额定载重量乘以 10⁻¹

特性代号:对重代号或导轨架代号

型代号:C表示齿轮齿条式

S表示钢丝绳式

H表示混合式

组代号:S表示施工升降机

图 2.1-12 施工升降机型号说明图例

以 SCD200/250 施工升降机为例:

SC——齿轮齿条式施工升降机。

D200/250——双笼,其中一只吊笼(D200)的额定载重量为 2000 kg,带有对重;另外一只吊笼(250)的额定载重量 2500 kg,不带对重。导轨架横截面为矩形(省略)。

以 SSBD320A 为例:

SS——钢丝绳式施工升降机。

B——单柱导轨架,导轨架内包容一个吊笼。

D320——单笼,吊笼额定载重量 3200 kg,带有对重。横截面为矩形(省略)。

A——第一次变型更新。

2.1.3 技术性能

2.1.3.1 人货两用施工升降机的技术性能

人货两用施工升降机的技术性能可以从表 2.1-1 和表 2.1-2 中看出。

(1)有对重与无对重相比,在相同的额定载重量和提升速度下,有对重施工升降机所需的电机功率更小(即对重可以起到节能作用)。但使用中,对重安装与维护的要求较高,容易产生安全事故。目前,国内带对重和不带对重的都占有一定比例。

(2)变频调速施工升降机启动电流从零开始逐渐增加,启制动平稳无冲击;提升速度从零开始增加,升降速度可根据需要调整,是性能比较好的一种机型,但成本相对较高。

(3)斜齿伞齿传动减速器与蜗轮蜗杆减速器相比,在相同的额定载重量和提升速度下,斜齿伞齿传动减速器所需的电机功率较小,即斜齿伞齿传动减速器传动效率较高。

表 2.1-1 普通施工升降机性能参数 (部分)

性能参数		单位	SCD200/200A	SCD200/200B	SC200/200A	SC200/200B
每只吊笼	额定载重量	千克/人	2000/24	2000/24	2000/19	2000/19
	安装/拆卸载重量	千克/人	800/4	1000/4		
吊杆额定载重量		kg	240			
吊笼内部尺寸(长×宽×高)		m	3.2×1.5×2.5	3×1.3×2.25	3.2×1.5×2.5	3×1.3×2.25
最大提升高度		m	150			
最大允许独立高度		m	6			
额定起升速度(380 V、50 Hz)		m/min	33	33	33	33
安装/拆卸/维护起升速度(380 V、50 Hz)		m/min	33	33	33	33
每只吊笼配电动机	数量	只	2		3	
	额定功率(S3,25%)	kW	2×11		3×11	
	制动力矩	N·m	2×120		3×120	
每只吊笼	启动电流(380 V、50 Hz)	A	240		360	
	能耗	kV·A	28		42	
防坠安全器	型号		SAJ30-1.2A		SAJ40-1.2A	
	制动载荷	kN	30		40	
	标定动作速度	m/s	0.95	0.95	0.95	0.95
标准节/基础节尺寸(长×宽×高)		mm	800×800×1508			
底笼重量(含底架)		kg	1708	1608	1708	1588
吊笼重量		kg	2×1600	2×1285	2×1440	2×1270
对重重量		kg	2×1550	2×1550		
驱动系统重量		kg	2×535	2×535	2×750	2×750
天轮架重量		kg	470	470		
对重钢丝绳直径		mm	12	12		
公称抗拉强度		MPa	1770	1770		
工作状态下最大风速		m/s	12			
工作温度		℃	−20~50			

表 2.1-2 变频调速施工升降机性能参数(部分)

性能参数		单位	SCD200/200C	SCD200/200D	SC200/200C 斜齿伞齿传动	SC200/200D 斜齿伞齿传动
每只吊笼	额定载重量	千克/人	2000/24	2000/24	2000/24	2000/24
	安装/拆卸载重量	千克/人	800/4	1000/4	1000/4	1000/4
吊杆额定载重量		kg	240			
吊笼内部尺寸(长×宽×高)		m	3.2×1.5×2.5	3.2×1.5×2.5	3.2×1.5×2.5	3.2×1.5×2.5
最大提升高度		m	150	250	150	250
最大允许独立高度		m	6			
额定起升速度(380 V、50 Hz)		m/min	0~33	0~60	0~33	0~42
安装/拆卸/维护起升速度(380 V、50 Hz)		m/min	0~33	0~30	0~33	0~33
每只吊笼配电动机	数量	只	2			
	额定功率(S3,40%)	kW	2×11	2×13	2×13	2×15
	制动力矩	N·m	2×120	2×180	2×180	2×180
变频器功率		kW	2×30	2×37	2×30	2×37
每只吊笼	启动电流(380 V、50 Hz)	A	0~50	0~65	0~70	0~120
	能耗	kV·A	33	42	44	
防坠安全器	型号		SAJ30-1.2A	SAJ40-1.2A	SAJ40-1.2A	
	制动载荷	kN	30		40	
	标定动作速度	m/s	0.95	0.95	1.4	
标准节/基础节尺寸(长×宽×高)		mm	800×800×1508			
底笼重量(含底架)		kg	1708	1708	1708	1708
吊笼重量		kg	2×1600	2×1660	2×1440	2×1440
对重重量		kg	2×1550	2×1800	/	/
驱动系统重量		kg	2×535	2×535	2×535	2×535
天轮架重量		kg	470	470		
对重钢丝绳直径		mm	12	13		
公称抗拉强度		MPa	1770	1670		
工作状态下最大风速		m/s	12			
工作温度		℃	-20~50			

2.2 人货两用施工升降机的构造

本文主要对齿轮齿条式施工升降机进行介绍。图 2.2-1 为带对重的,图 2.2-2 为不带对重的。

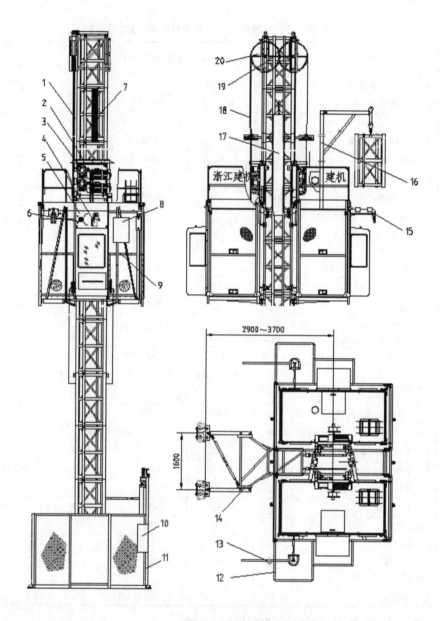

1.导轨架　2.驱动体　3.驱动单元(两传动)　4.电气系统　5.安全器座板　6.防坠安全器　7.限位装置
8.上电气箱　9.吊笼　10.下电气箱　11.底架护栏　12.电缆护栏　13.电缆防护环　14.附着装置
15.电缆导架　16.安装吊杆　17.对重　18.钢丝绳　19.天轮装置　20.滑轮

图 2.2-1　齿轮齿条式施工升降机外形结构(带对重)

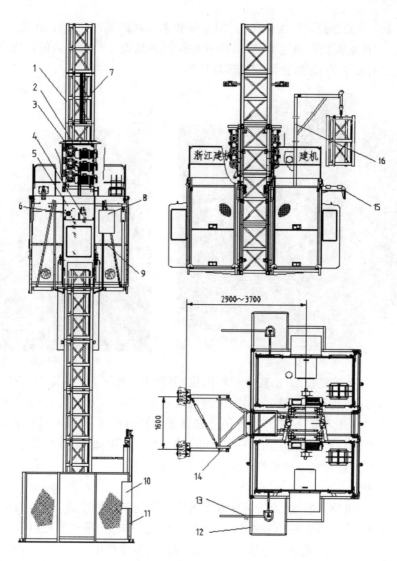

1.导轨架　2.驱动体　3.驱动单元(三传动)　4.电气系统　5.安全器座板　6.防坠安全器　7.限位装置
8.上电气箱　9.吊笼　10.下电气箱　11.底架护栏　12.电缆护栏　13.电缆防护环　14.附着装置
15.电缆导架　16.安装吊杆

图 2.2-2　齿轮齿条式施工升降机外形结构(不带对重)

2.2.1　结构件的构造

1)吊笼

吊笼(图 2.2-3)是一种由型钢、钢丝编织网和钢板等焊接而成的全封闭结构装置。吊笼进及出门为抽拉门,门上安装电气联锁装置,以确保吊笼内人员的安全;司机室安装在吊笼的侧面,所有操作开关均设在司机室内的操作台上;吊笼上设有安全钩,以防止吊笼脱离导轨架。

图 2.2-3　吊笼

图 2.2-4　导轨架

安装时,吊笼顶部(由安全栏杆围住)可作为工作平台。吊笼顶上有一天窗,为紧急出口,装有电气联锁装置;天窗盖上有三角锁,从吊笼内部只有使用三角钥匙才能打开天窗,吊笼外部即吊笼笼顶处可自由打开天窗;打开天窗时,吊笼停止工作,只有天窗锁上时,吊笼才可工作;通过专用梯子,可从紧急出口攀登到吊笼顶上进行安装和维修作业。

2)围栏

围栏,也称为底笼,由安装标准节的底架和防护围栏组成。底笼门设有机电联锁装置,只有吊笼在地面站时才能打开,底笼门未关,吊笼不能启动。底架上装有缓冲弹簧,吊笼下滑超过下极限限位时,起缓冲作用。

3)导轨架

导轨架(图 2.2-4)由长度为 1508 mm 的标准节通过 M24 高强度螺栓连接组成,是升降机的运行轨道。标准节由无缝钢管、角钢和钢管等焊接而成,截面为正方形,其上装有的齿条、锥套和定位销,可以方便安装时准确定位。导轨架通过附着架与建筑物相连,顶部和底部安装限位装置。

4)附墙架

附着装置是导轨架与建筑物之间的连接部件,同时,为电缆导架提供安装位置,附墙架的一端与标准节的框架用螺栓连接,另一端与建(构)筑物内的预埋件用螺栓连接,以保持升降机导轨架及整体结构的稳定。附墙架长度可在一定范围内适当调节,安装时附墙架的仰、俯角度应不大于 8°。

2.2.2　主要机构的构造

1)驱动机构

驱动机构(图 2.2-5)是施工升降机吊笼的动力来源,该系统由电动机、联轴器、减速器、小齿轮和支架等组成。驱动机构安装在吊笼顶部(或吊笼内),通过齿轮与导轨架上的齿条相啮合,使吊笼上、下运行。为达到高速和平稳运行,采用变频调速、液压泵(液压马达)等先进技术,可以使升降机的升降速度在 0 到 100 m/min 之间调节,并实现无级变速。蜗轮蜗杆减速器(图 2.2-6)与斜齿伞齿减速器(图 2.2-7)是齿轮齿条式施工升降机驱动机构的两种主要形式。

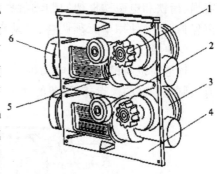

1.小齿轮　2.导轮　3.减速器
4.安装底板　5.联轴器　6.电动机
图 2.2-5　驱动机构示意图

蜗轮蜗杆减速器具有结构紧凑、传动比大、运转平稳、噪声低、使用寿命长等优点,用于施工升降机已有 40 多年的历史。蜗轮蜗杆减速器根据齿形的不同分为圆弧圆柱减速器、平面包络环面蜗杆减速器。平面包络环面蜗杆减速器承载能力大、传动效率高,是一种比较理想的减速器。

图 2.2-6　蜗轮蜗杆减速器驱动机构

图 2.2-7　斜齿伞齿减速器驱动机构

斜齿伞齿减速器是高精度齿面斜齿轮与螺旋弧齿的完美结合,具有更高的传动效率;在同等载荷的情况下,比蜗轮蜗杆减速器平均节电 25%以上,自研发

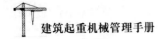

成功几年来,已得到广泛应用。

2)电动机

施工升降机的电动机绝大部分采用起重用电磁制动三相异步电动机,其将电动机和电磁制动器(图2.2-8)组成一体,是一种常闭式制动器。当电磁铁线圈不通电时,制动器施加制动力矩,制动弹簧通过可轴向移动的衔铁将制动盘压向固定制动盘上。当电磁铁线圈通电时,制动器松闸。随着制动盘的石棉材料的磨损,衔铁和电磁铁框架向制动盘靠近进行自动调节,电磁铁与衔铁之间的距离保持恒定,使用中无须调整;制动盘表面石棉材料的磨损值达到0.5 mm时,应立即更换。

该电动机与锥形转子电动机、傍磁式电动机或交流抱闸式电动机相比,具有启制动平缓的优点,对设备的冲击力较小。

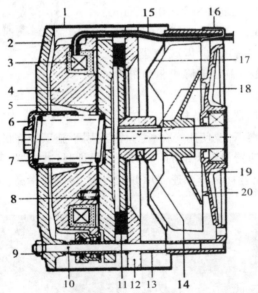

1.防护罩　2.端盖　3.电磁铁线圈　4.电磁铁　5.衔铁　6.调整套　7.制动器弹簧
8.压缩弹簧　9.螺母　10.螺栓　11.制动盘　12.固定制动盘　13.垫圈　14.紧定螺钉
15.线圈电缆　16.电缆夹子　17.风扇罩　18.键　19.风扇　21.端罩

图 2.2-8　电磁制动器

3)吊杆卷扬机

吊杆卷扬机(图2.2-9)是一种全封闭的微型卷扬机,电动机采用盘式制动电动机,轴向尺寸极小、制动盘制动力大,断电时无须担心重物下落;机械传动装置采用谐波齿轮传动,具有体积小、重量轻、承载能力大、传动平稳的特点。

图 2.2-9 吊杆卷扬机

2.2.3 主要安全装置的构造

1)防坠安全器

施工升降机每只吊笼内都安装了一个防坠安全器。防坠安全器安装在专门的座板上,并安装了上、下限位开关和三相极限开关。当吊笼的驱动机构装置失效而坠落时,防坠安全器限制吊笼的运行速度并使其停止坠落。防坠安全器(图2.2-10)的工作机制:吊笼正常工作时安全器不动作;吊笼超速下滑时安全器动作,制动锥鼓随着螺杆旋进与外壳逐渐压紧直到制动。

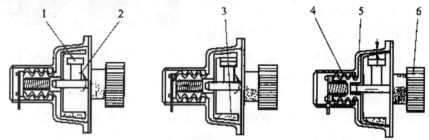

1.离心块 2.弹簧 3.制动锥鼓 4.碟形弹簧 5.外壳 6.齿轮
图 2.2-10 防坠安全器

2)对重防脱轨装置

有对重的施工升降机,对重防脱轨装置起到保证对重不脱离轨道、在确定的通道内运行的作用。

3)超载检测装置

超载检测装置(图2.2-11)也称起重量限制器,最常见的形式是:将销轴传感器安装在驱动机构和吊笼连接处,通过传感器检测到信号,经过仪表处理后达到控制吊笼的载重量的目的。如果动力中断,超载检测装置的所有数据和检测刻度可得以保留。

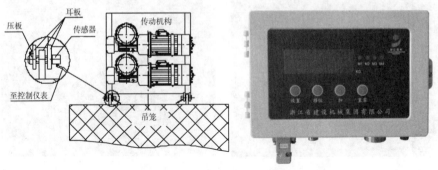

图 2.2-11　超载检测装置

4)安全钩

施工升降机的吊笼和传动架部位均装有安全钩(图 2.2-12)。安全钩的作用:传动小齿轮驶出导轨(或吊笼导向装置失效)时,吊笼仍能保持在导轨上。安全钩的设置要求:最高一对安全钩,应处在最低驱动齿轮以下。

5)其他安全装置

(1)断相与相序保护

断相与相序保护装置安装在电源箱内,能与三相电路中的原认定相序错相接线,任一相供电线路缺相或三相电压不对称度不小于 13%时,该装置动作。

图 2.2-12　安全钩

(2)极限开关

极限开关(图 2.2-13)安装在吊笼内,是双向的越程保护装置。吊笼运行超出限位开关和越程后仍不停车时,极限开关会自动切断总电源(只能手动复位)。

(3)上、下限位开关

上、下限位开关 (图 2.2-13)安装在吊笼内,吊笼运行时触发极限开关前触发的越程保护装置,能自动切断控制回路并具有反向运行自动复位功

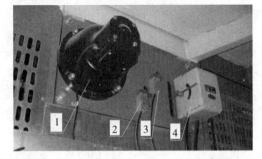

1.防坠安全器　2.上限位开关　3.下限位开关　4.极限开关

图 2.2-13　防坠器、上下限位开关和极限开关

能,即吊笼运行到允许到达的导轨架最高处时,上限位开关动作,吊笼只允许向下运行;吊笼向下运行后,上限位开关自动复位。下限位开关作用,与此相反。

(4)天窗限位开关

吊笼正常运行时,应将天窗关闭。否则,天窗限位开关(图 2.2-14)发生作用,切断控制回路,使升降机停车。

(5)断绳保护开关

当对重钢丝绳断开或松弛时,断绳保护开关(图 2.2-15)触发,切断控制回路,使升降机停车。

图 2.2-14　天窗限位开关

图 2.2-15　断绳保护开关

(6)底笼门限位开关及门锁

底笼门限位开关及门锁(图 2.2-16)是底笼进出门保护装置。底笼门不关闭时,升降机不能启动;运行时门若打开,则自动停机。底笼门锁与吊笼是一套机械联锁装置,只有吊笼底板与底笼门槛等高时,底笼门才能打开,才能开启吊笼的单开门。

(7)吊笼单双开门限位开关

吊笼单双开门限位开关(图 2.2-17)是吊笼的进出门保护装置。吊笼门不关闭时,升降机不能启动;运行时门若打开,则自动停机。

图 2.2-16　底笼门限位开关及门锁

图 2.2-17　吊笼单双开门限位开关

（8）急停开关

吊笼和便携式控制盒中均设有自锁式急停开关（图2.2-18），按下后能切断控制电路、停止吊笼运行，待解除自锁后才能恢复供电，具有双重保护功能。

（9）缓冲器

施工升降机上的缓冲器（图2.2-19，黑色橡胶物体）是吊笼的最后一道安全防线，能承受吊笼与额定载荷的非正常冲击力，起到缓冲的作用。升降机正常使用时，缓冲器不接触吊笼底部；吊笼下滑超过下极限开关时，缓冲器能迅速缓解吊笼下滑的冲击力。

图2.2-18　操作台上的急停开关

图2.2-19　缓冲器

6）安全监控系统

施工升降机安全监控系统（图2.2-20）由植入式硬件设备与专业设计分析管理软件共同组成，通过传感、智能识别、无线射频、嵌入式微控制、无线通讯等先进科技手段，实现司机的智能管理、设备运行状况的实时检测和预警、多方主体同时参与设备远程监管，从而有效控制和减少安全事故的发生。

图2.2-20　安全监控系统图

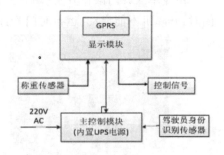

图2.2-21　智能预警系统

（1）系统架构：详见图2.2-21。

（2）系统配置：详见表2.2-1。

表 2.2–1　智能预警系统配置

显示器	实时显示施工升降机作业状态
黑匣子主机	危险作业状态预警及截断控制
司机身份识别设备	视频、指纹或 RFID 设备,用于识别司机的身份信息
GPRS 无线传输	工作状态数据信息无线传输

(3)系统显示器:显示升降机当前的起重量、起重百分比、时间和远程监控的状态。

(4)系统主控制器(图 2.2–22):采集司机的信息、驾驶手柄的操作信号,并做出相应的截断控制。

图 2.2–22　系统主控制器

(5)系统身份识别仪:按识别对象分为人脸识别和指纹识别,可根据人独特的生理特征并应用生物识别技术,对人的特征进行识别,确保升降机司机人证一致。

2.2.4　主要零部件的构造

1)司机室

国内使用的人货两用施工升降机的吊笼上大多带有司机室,室内有操控台,由持证的专职司机操控。国外的人货两用施工升降机,不带司机室的居多,没有专职司机。

2)天轮

有对重的施工升降机必须配置天轮。对重钢丝绳的一端挂住对重,另一端穿过天轮上的滑轮与吊笼相连,起到平衡吊笼自重的作用。较常见的天轮结构有分体式天轮结构和整体式天轮结构。分体式(也称自顶升式)天轮结构(图2.2–23)加装标准节时无须拆除天轮和钢丝绳,但结构较复杂、成本较高。整体式天轮结构(图2.2–24)简单紧凑、成本较低,但在加装标准节时需拆除天轮和钢丝绳。

图 2.2-23 分体式天轮

图 2.2-24 整体式天轮

3）吊杆

吊杆（图 2.2-25）是实现升降机自助接高（拆卸）不可缺少的部件。当升降机的基础完成后，就可以利用吊杆将吊笼顶的标准节吊到已安装好的导轨架顶部进行接高作业。拆卸作业时，吊杆可以将导轨架标准节由上至下顺序拆卸。使用过程中，吊杆装配在吊笼顶上的吊杆插孔座中；吊杆插孔座装有吊杆行程开关，吊杆脱离插孔座一定距离时，吊笼停止动作。

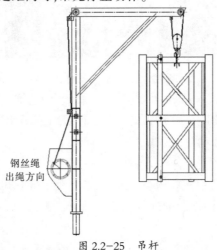

钢丝绳
出绳方向

图 2.2-25 吊杆

2.2.5 电气控制系统的构造

在塔式起重机电气控制系统的介绍中，对部分通用的电气元器件已经做了介绍，这里主要对施工升降机特有，或有别于塔式起重机的部分做介绍。

1）操作台

施工升降机操作台分为自动复位式（图 2.2-26）、非自动复位式（图 2.2-27）

和自动平层式(图2.2-28),通过人工操作,可实现人工停层和自动平层。

图2.2-26 自动复位式操作台　　　图2.2-27 非自动复位式操作台

图2.2-28　　自动平层式操作台

2)楼层呼叫器

楼层呼叫器(图2.2-29)分为呼叫按钮模块和呼叫提示模块,一般采用无线方式,可以方便司机知道哪个楼层召唤,需要吊笼停站。

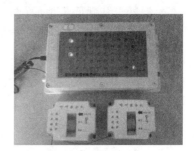

图2.2-29　楼层呼叫器

3)施工升降机专用滑线

施工升降机专用滑线(图2.2-30)代替了传统的电缆(避免电缆被盗和易拉断等问题),特别适用于高层和超高层,以及存在较大风力的海边和江边施工。

图 2.2-30 施工升降机专用滑线

2.2.6 基础

2.2.6.1 基础类型

(1)地下室顶板基础

对地下室顶板的承载力要进行验算,必要时采取加固措施并征得原结构设计单位的同意。地下室顶板上设置施工升降机基础,应避开后浇带位置。

(2)自然地坪基础

混凝土基础设在地面上(图 2.2-31):不需要排水,但门坎较高、坡道最长。

混凝土基础设与地面相平(图 2.2-32):排水方便、坡道较短,但有门坎(需搭一简单坡道)。

混凝土基础低于地面(图 2.2-33):地面与吊笼间无门坎(无须坡道),但非常容易积水(需采取严格的排水措施以免腐蚀基础)。

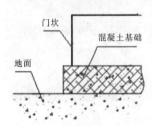
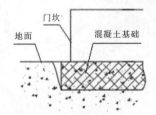

图 2.2-31 基础设在地面上　　图 2.2-32 基础与地面相平　　图 2.2-33 基础低于地面

(3)在浇捣地下室顶板时埋入预埋基础螺杆。

在浇捣地下室顶板时埋入预埋基础螺杆,将地下室顶板直接当作升降机基础,可以降低坡道和门坎的高度,可以节省制作基础的成本。预埋螺杆应与地下室顶钢筋网连接牢固。要防止预埋螺杆部件漏水。

2.2.6.2　基本规定

（1）基础应进行专门设计,确保基础能承受作用在其上的全部荷载;基础的埋深与做法,应符合设计要求和升降机厂家的使用规定。

（2）混凝土强度不小于 C20 或符合设计要求,基础的厚度、边长不小于设计值。

（3）混凝土基础下的地面应夯实,混凝土基础表面要平整。

（4）地脚螺钉与钢筋网连接要牢固,位置尺寸要准确。

（5）吊笼进出口位置两侧 1 m 范围内,不得有障碍物。

（6）有良好的排水措施。

2.3　货用施工升降机的构造

2.3.1　结构件的构造

1)架体

架体是支承天梁架载荷的空间受力构件(钢结构件,两端制有连接孔的角钢杆件)。工作时,架体承载吊笼的垂直荷载和载物重量,兼有运行导向和整体稳定的功能。

龙门架和外置式井架的立柱,其截面可呈矩形、正方形或三角形,截面的大小根据吊笼的布置和受力,经设计计算确定。一般采用角钢(或其他型钢)制作成具有互换性的可拼装杆件,到安装现场后用螺栓(或销轴)连接成一体。可以将杆件焊接成格构式标准节,标准节之间用螺栓(或销轴)连接。

标准节连接方式的架体:断面小、用钢量少、安装方便,安装质量容易得到保证,但加工难度和运输成本较高,适合大批量生产。角钢拼装连接方式的架体:安装较为复杂,安装质量控制难度较大,但加工难度和运输成本较底,适合小批量生产或用于内置吊笼的机型。

2)底架

架体的底部设有底架(地梁),用于架体(立柱)与基础的连接。一般由槽钢、型钢焊接(或通过螺栓固定)成框架结构,与基础通过预埋螺栓连接成一体。

3)导轨架

导轨架是由型钢焊成,或由几种长度标准的型钢通过螺栓连接而成的若干标准单元组件,承受吊笼和载物传递的力,并用作支撑和固定导轨的金属构架,适用于龙门架机型。

4)导轨

导轨是为吊笼和对重运行提供导向的部件。导轨按滑道的数量和位置分为单滑道、双滑道和四角滑道,一般均与架体制在一起。

5)吊笼

吊笼是由横梁、立柱、顶板(钢板网)、底板、两侧挡板(钢板网)、滚轮导靴和进出料安全门等组成的笼状结构件,沿导轨做升降运行。一般用型钢和钢板焊接成框架,用作盛放运输物件。

6)天梁或自升平台

天梁(主要用于井架式升降机)直接承受吊笼和载物重量,通过与架体连接,将力传递到井架的各个杆件。天梁常用型钢制作,其构件形状和断面大小须经计算确定。天梁的中间装有滑轮和固定钢丝绳尾端的销轴。

自升平台(主要用于龙门架式升降机)是通过辅助设施沿导轨垂直升降的作业平台,用于导轨架标准节的安装和拆卸。

7)附墙装置

附墙装置即导轨架与建筑物的连接,是保证导轨架整体稳定性的连接物,分为刚性连接和缆风绳连接。

一般情况下应当设置刚性附墙装置(附着架)。在建筑物施工前,或由于各种原因无法设置附着架时,可采用缆风绳。

8)对重系统

对重系统可以使吊笼上的钢丝绳产生张紧力,紧压在曳引轮上,可以平衡吊笼及载荷的重量、减小电动机功率和改善曳引性能。

2.3.2 主要机构的构造

(1)曳引机:由机架、电动机、制动器、减速机、曳引轮、小卷筒等机构件组成的传动系统(图2.3-1)。

(2)卷扬机:由机架、电动机、制动器、减速机、齿轮箱和卷筒等机构件组成的传动系统(图2.3-2)。

图 2.3-1 曳引机

图 2.3-2 卷扬机

2.3.3 主要安全装置的构造

1)防坠安全器

(1)偏心轮式防坠装置

偏心轮式防坠装置,由偏心夹紧轮、导向轮、小齿轮、齿条、送力弹簧、阻尼弹簧、支承轴、调节支座组成(图2.3-3)。其工作机制是:当升降机吊笼在提升钢丝绳突然破断,吊笼失重下坠做自由落体运动时,防坠器内的齿条在助力弹簧作用下带动小齿轮,驱动偏心夹紧轮动作,抱紧并夹住导轮,防止吊笼坠落。

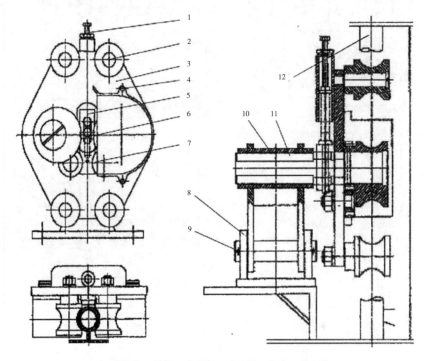

1.调节螺栓 2.导轮 3.支承板 4.防尘罩 5.齿条 6.偏心轮
7.小齿轮 8.支承轴 9.活动环 10.支座 11.销轴 12.导轨
图 2.3-3 偏心轮式防坠装置

(2)惯性楔块式防坠装置

惯性楔块式防坠装置,由斜度滑座、钢质楔块、滑板重块、导向轮、柱销、压簧、调节螺栓等组成(图2.3-4),其工作机制是:当断绳事故发生时,依靠重力加速度促使导轮压簧机构和摇摆臂楔块机构在压簧的作用下做反向分离运动,带动对称的钢质楔块在斜度滑座内横向移位,利用所产生的强大侧向力钳制滑轨,防止吊笼坠落。

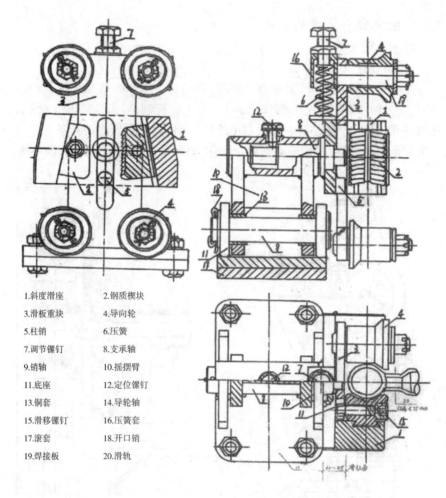

1.斜度滑座　　　　2.钢质楔块

3.滑板重块　　　　4.导向轮

5.柱销　　　　　　6.压簧

7.调节镙钉　　　　8.支承轴

9.销轴　　　　　　10.摇摆臂

11.底座　　　　　　12.定位镙钉

13.铜套　　　　　　14.导轮轴

15.滑移镙钉　　　　16.压簧套

17.滚套　　　　　　18.开口销

19.焊接板　　　　　20.滑轨

图 2.3-4　楔块式防坠装置

(3)双钢丝绳棘轮式防坠装置

井架天梁上固定两根下垂的安全钢丝绳,经过吊笼上的安全绳轮,缠绕 3~4 圈后绳尾悬坠对重,两侧的安全绳轮由安全绳轮轴相连(轴上有块棘轮板)。吊笼由牵引绳做上下运动时,安全绳轮在安全钢丝绳上转动,不影响牵引系统的工作。发生坠落时,棘轮被卡住,在两侧安全绳轮和安全钢丝绳的摩擦作用下,吊笼能悬停,防止其坠落(图 2.3-5)。

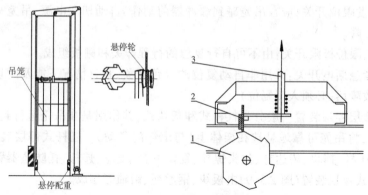

图 2.3-5 棘轮式防坠装置

2)超载限制器

当升降机起升载荷超过额定载荷时,超载限制器能输出电信号,一个开关做超载延时报警、断电,另一个开关调成严重超载时的瞬即断电,以防止吊笼冲顶,或吊笼运动意外受阻时减少井架、吊笼的损坏。超载限制器分为电阻应变片式超载限制器和机械传感式超载限制器。

(1)电阻应变片式超载限制器(图 2.3-6):由电阻应变片、受力变形拉棒、外壳、引线插座等组成。

(2)机械传感式超载限制器(图 2.3-7):由变形放大钢片、微动开关、触发螺钉、外壳、引线插座等组成。

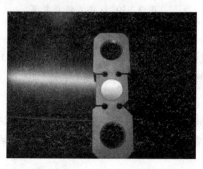

注:2、4、6、8 为微动开关,1、3、5、7 为螺钉调整装置。

图 2.3-6 电阻应变片式超载限制器　　图 2.3-7 机械传感式超载限制器

3)限位器

(1)上限位限制器:由可自行复位的行程开关和碰板组成(也可以在钢丝绳卷筒轴端设置限位开关),当吊笼达到极限位置时触发限位开关自动切断电源,吊笼只能下降,不能上升。

(2)下限位限制器:由可自行复位的行程开关和碰板组成,当吊笼达到极限位置时触发限位开关(应在吊笼碰到缓冲器前动作)自动切断电源,吊笼只能上升,不能下降。

(3)上限位极限开关:由不可自行复位的行程开关和碰板组成。

(4)紧急断电开关:采用非自动复位的红色开关,紧急情况下能及时切断电源(排除故障后,必须人工复位)。

(5)楼层停层装置一般分为杠杆式和板块式,其作用是在吊笼运行到位,装卸重物时,将吊笼可靠地悬挂在架体上(与出料门联动)。杠杆式停层装置(图2.3-8)由压杆、挡块、传达杆、柱头螺栓、复位弹簧、支座、连杆、托防坠器臂等组成。板块式停层装置(图2.3-9)由板块、钢丝绳、销轴等组成。

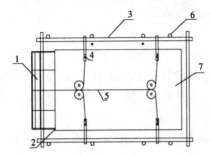

1.翻板门 2.新增设行程开关 3.搁置横杆
4.带弹簧安全销 5.牵引弹簧销钢丝绳
6.井架立柱 7.井架吊笼

图 2.3-8 杠杆式停层装置

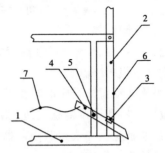

1.吊笼底板 2.门立柱 3.停靠压板
4.停靠跳板 5.固定螺栓 6.吊笼出料门
7.跳板链接钢丝绳

图 2.3-9 板块式停层装置

2.3.4 电气控制系统的构造

货用施工升降机控制箱输入的电源应采用 TN-S 系统,其电气控制系统由漏电断路器、失压保护装置、过载保护和短路保护装置等组成。

1)漏电断路器

漏电断路器的作用是避免人员触及带电导体时发生电伤事故,施工现场用电实行二级漏电保护,货用施工升降机控制箱中装设的漏电断路器为三级保护。

2)失压保护装置

当电源停电,或者出于某种原因电源电压降低过多(欠压)时,失压保护装置能使电动机自动切断电源。当电源电压恢复时,不重新按下启动按钮,电动机不会自行转动,这样可以避免发生事故。

3)过载保护和短路保护装置

(1)过载保护装置是防止电动机由于载荷过重造成电流过大、发热过久而烧坏电动机的安全保护装置。

（2）短路保护装置是防止电路电线烧毁的安全保护装置（电流从电源一端不经过用电设备、电动机等直接回到电源的另一端）。

2.4　人货两用施工升降机的安装、使用与拆卸

2.4.1　安装

2.4.1.1　准备工作和注意事项

（1）安装人员要了解现场布局和土质情况，清理障碍物，在安装区域周围加设保护栅栏。

（2）准备吊装机械和足量的工具，准备专用电源箱和连接电缆，准备连接螺栓及预埋件。

（3）了解、掌握升降机各部件的机械、电气性能。

（4）安装前，应将各零部件表面和穿插处的锈皮与毛刺等去除，涂抹润滑脂；各部件应充分润滑、转动灵活。

（5）混凝土基础强度已达到设计要求，能承受升降机载荷。

（6）除随机配备的专用工具外，准备一套安装工具（图 2.4-1）和钢垫片，用于调整导轨架垂直度。

（7）遇雨、雪、大雾及风力超过 6 级时，不得进行安装作业。

（8）使用过的升降机应进行全面检查，各种易损件的磨损达到极限尺寸时，应立即更换。

（9）升降机安装完毕，应进行试运转，无问题后方可进行施工作业。

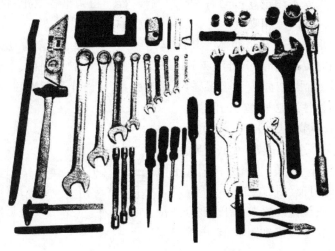

图 2.4-1　安装工具

2.4.1.2 安装程序

1)升降机安装

(1)用起重设备将升降机的基础节和 3 个标准节(两个标准节和最下面的无齿条标准节)起吊后,就位到混凝土基础上(不要拧紧固地脚螺栓)。用经纬仪检查并调整导轨架的垂直度(垂直误差不超过 3 mm)后,紧固地脚螺栓(图2.4-2 中 1—6)。

(2)用起重设备将已连接好的吊笼套入导轨架。将 2 个传动架的靠背轮及滚轮调整至最大间隙的位置(必要时可以卸下部分安全钩和滚轮),松开电动机上的制动器(将制动器尾部的两个螺母向制动器方向旋紧,直至拉手与制动器贴合),用起重设备将传动架分别套入导轨架相对应的吊笼,安装超载限制器、行程开关、保护销轴,安装笼顶的安全护栏。

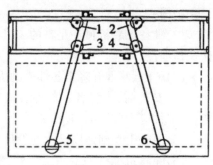

图 2.4-2　地脚螺栓

(3)安装卸下的安全钩和滚轮,调整各滚轮与标准节立管之间的间隙、齿轮与齿条的啮合间隙,将制动器复位。

(4)安装地面围栏,调整底笼门框和后护栏的垂直度。

(5)用起重设备加高 2 节标准节,拧紧螺栓。用经纬仪检查并调整导轨架的垂直度(垂直误差不超过 5 mm)后,拧紧地脚螺栓。粗调整各滚轮、背轮之间的间隙,使齿轮齿条间隙相吻合。将制动器复位。

(6)用起重设备提升驱动体,同时带动吊笼上升约 2.5 m,或将电缆护栏就位,升降机临时接通电源,上升约 2.5 m。安装后护栏、驾驶室围栏、下电箱、电缆护栏、电缆线、下限位碰块、下极限碰块、缓冲弹簧,以防止吊笼撞底。吊笼通电试运行,精调整各滚轮和背轮的间隙。

(7)安装、调节底笼门支撑杆、底笼与导轨架之间的支撑,确保吊笼(在底层时)各机械联锁正常工作、开关门灵活自如,无卡阻现象。调整好门锁(图2.4-3)。

(8)将下限位碰块安装、调整到合适位置后,进行导轨架接高和附着架、电缆导架的安装,即安装最下面一道附着架、电缆导架、电缆护圈,在距地面 6~8 m 处安装,紧

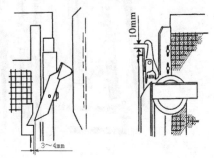

图 2.4-3　调整门锁

固所有螺栓。

(9)继续进行接高作业,直至所需高度。电缆防护环与附着架同步进行,同步控制每套附着架,安装后导轨架的垂直度(详见表 2.4-1)。

表 2.4-1 导轨架垂直度要求

导轨架安装高度 H(m)	<70	70~100	100~150	>150
垂直度误差值 δ(mm)	$<H/1000$	70	90	110

(10)当导轨架达到所需高度时(最上面一节标准节无齿条),安装上限位碰块和上极限碰块。试验 3 次,确保动作准确可靠。

(11)调整滚轮、背轮的间隙,确保运行平稳。

(12)安装完毕,应检查各紧固件的松动情况和力矩,进行吊笼载荷试验和坠落试验,复位安全器。

2)吊杆安装

把吊杆放入吊笼顶部安装孔内,接通电源即可使用。

3)导轨架安装

(1)整体式

①汽洗、润滑标准节两端管子接头部位和齿条圆柱销;用吊杆上的吊钩钩住标准节吊具,然后用标准节吊具钩住一节标准节;启动卷扬机,将标准节吊至吊笼顶部。

②启动升降机,将吊笼升至接近导轨架顶部位置。

③吊起标准节,与下面标准节立管和齿条上的销孔对准后,放下吊钩、紧固螺栓。

④松开吊钩、转回吊杆,紧固所有螺栓。

⑤继续进行接高作业,直至所需高度。接高作业的同时,同步安装附墙架(导轨架的垂直度应符合表 2.4-1 的要求)。

⑥利用塔吊等起重设备安装导轨架,可在地面上将 4 节左右标准节连成一组后吊至导轨架顶部安装。

⑦导轨架提升高度超过 150 m 时,需安装加强型基础节和过渡节,安装顺序自下而上依次为:加强型基础节、加强标准节、过渡节、标准节。

(2)分体式

①与整体式天轮架结构形式导轨架安装方法相同。

②启动升降机,将吊笼升至传动系统立柱顶部接近天轮架底部位置。松开天轮架横梁与导轨架之间的连接螺栓,并将横梁绕销轴翻转。

③吊起标准节,与下面标准节立管和齿条上的销孔对准后,放下吊钩,紧固

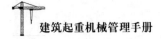

螺栓。

④松开吊钩,转回吊杆,紧固所有螺栓。

⑤吊笼上行至天轮架顶部与导轨架顶部附近时,点动行驶至天轮架上盖板距导轨架顶部 50 mm 时,吊笼停止运行。

⑥将天轮架横梁翻转回到闭合位置,即与导轨架连接,装好固定螺栓。

⑦继续进行接高作业,直至所需高度。

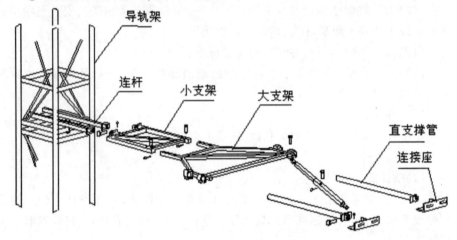

图 2.4-4　附墙架连接部件

(1)根据导轨架中心与建筑物(构筑物)的水平距离,连接好小支架、大支架和直支撑管,大支架与直支撑管的连接螺栓先不拧紧。

(2)在距地面 6 m 左右的导轨架上安装 2 件连杆,在建筑物(构筑物)上安装2件连接座(连接螺栓先不拧紧),以后每道附墙架按表 2.4-2 附着,电缆护圈与附墙架同步进行。

表 2.4-2　附墙间距及自由端高度

导轨架高度	≤150 m	151~250 m 处
附墙间距	≤9.0 m	≤7.5 m
自由端高度	≤6.0 m	≤6.0 m

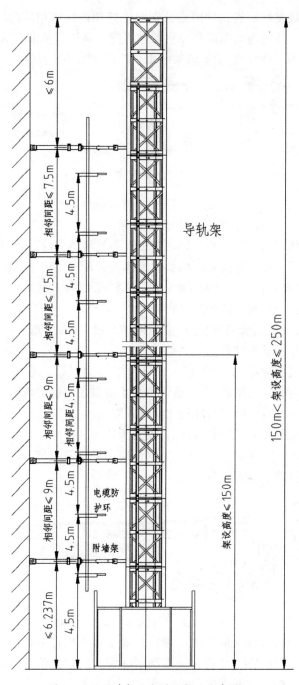

图 2.4-5 附墙架及电缆防护环示意图

(3)将装配好的连接件两端分别与连杆和连接座相连(其他部分用螺栓和销轴相连),然后调整距离和导轨架垂直度。连杆与标准节的连接,可采用图2.4-6所示的三种方式,使附墙架的水平倾角尽量小一点。

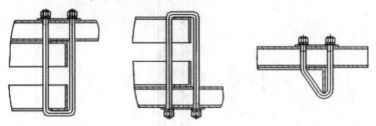

图 2.4-6　连杆与标准节的连接

(4)紧固全部螺栓,慢速启动升降机。

(5)分体式天轮架结构形式的施工升降机须将天轮装置安装在导轨架顶部时,方可按照上述步骤安装附墙架。整体式天轮架结构形式施工升降机则可直接按照上述步骤安装附墙架,待导轨架安装到所需高度时,再安装天轮装置。

5)对重、天轮和钢丝绳的安装

吊笼和底笼安装完毕后、标准节未加高前,安装对重。使用前应安装好天轮,对重应用钢丝绳挂好。

(1)安装缓冲器。

(2)将对重放入滑道,在对重下方垫1 m高左右的支承木。

(3)检查对重导向轮与导轨之间的间隙,确保各导向轮转动灵活。

(4)导轨架安装到所需高度后,安装天轮架。

(5)2 只天轮架安装完毕后,将钢丝绳吊到吊笼顶部,楔形接头将钢丝绳的一端用固定(图 2.4-7)。

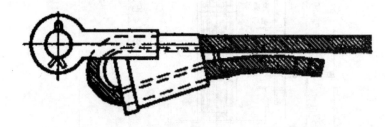

图 2.4-7　楔形接头固定钢丝绳

(6)将用楔形接头固定的一端钢丝绳穿过天轮直至地面对重,用销轴将钢丝绳与对重固定;钢丝绳的另一端绕断绳保护装置上的对重轮 3 圈,然后用压板压紧,多余的钢丝绳绕在卷绳装置上(图 2.4-8)。

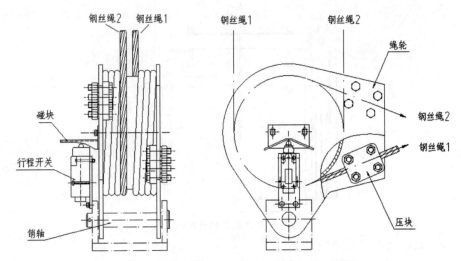

图 2.4-8　钢丝绳绕断绳保护装置及卷绳装置

(7)吊笼达到最大提升高度时,对重离地面应大于 550 mm。

(8)双吊笼升降机在安装对重系统和每次导轨架的加高安装时,2 只吊笼必须同时起升到距导架顶端的适当位置处停住、作业,下降也必须同时下降;在 2 块对重均已完成钢丝绳的安装,可对吊笼起平衡作用之前,吊笼不得单独运行。

6)导轨架加高

(1)有对重施工升降机加高

整体式天轮升降机:

①拆除导轨架上部的全部限位碰铁。

②2 只吊笼同时提升,使两块对重同时降到地面的橡胶缓冲器上。

③拆除天轮上防钢丝绳脱槽装置,将钢丝绳从滑轮上取下并挂到导轨架的腹杆上。

④拆除天轮,放在吊笼顶上。

⑤导轨架加高至所需高度后,重新安装天轮和钢丝绳。

分体式天轮升降机(图 2.4-9):

①拆除导轨架上部的全部限位碰铁。

②两只吊笼同时提升,使 2 块对重同时降到地面的橡胶缓冲器上。

③将钢丝绳从滑轮上取下,并挂到导轨架的腹杆上。

④导轨架加高至所需高度后,将横梁翻转到闭合位置,装好固定螺栓,重新安装钢丝绳和导轨架上部的全部限位碰块。

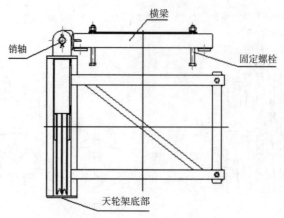

图 2.4-9 分体式天轮升降机

(2)无对重施工升降机加高

导轨架加高至所需高度后,装好导轨架上全部限位碰铁即可(加高时 2 只吊笼应同时提升)。

7)电缆系统安装

(1)电缆护栏形式的电缆系统安装(图 2.4-10)。

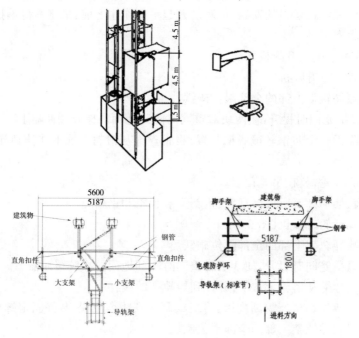

图 2.4-10 电缆护栏形式的电缆系统安装

①将电缆盘放在平地上沿直线滚动,放出电缆(电缆外皮不许有明显扭转现象)。

②电缆一端从电缆护栏顶部穿入、从司机室护栏的底部穿出,接底笼配电箱,将电缆收入电缆护栏中(应自然弯曲)。

③将另一端电缆固定在电缆导架上,并与吊笼内的接线盒连接。

④接通升降机的电源,起动升降机,检查电缆是否有缠绕(或扭结)现象。

⑤安装电缆防护环。导轨架加高过程中,要同时安装电缆防护环。

(2)电缆滑车形式的电缆系统安装(图 2.4-11)。

电缆滑车仅适用于低速运行的升降机,不适用于高速运行的升降机。

①将电缆盘放在平地上沿直线滚动,放出电缆(电缆外皮不许有明显扭转现象)。

②电缆的一端接底笼配电箱,将电缆收至 2 只吊笼之间的空地(应自然弯曲)。

③将另一端穿过电缆导架与吊笼配电箱连接(作为临时用电)。

④启动吊笼缓缓上升,点动操作(中间制动几次)至导轨架预计架设总高度的一半处,切断底笼配电箱电源,安装上固定架。

⑤将电缆收到吊笼顶部(地面上剩余电缆 2 m 左右),将电缆安装在上固定架上。底笼配电箱到上固定架之间的电缆,绑在导轨架腹杆上(每 1.5 m 左右绑一次)。

⑥合上电源,启动吊笼缓缓下降,逐渐放出吊笼顶部的电缆,将吊笼降至距地面 2 m 左右处停住,切断电源,安装滑车,调整滚轮(滚轮与立柱的间隙 0.8~1 mm)。

⑦合上电源,将吊笼下降到与门坎水平,取出滑车上的电缆滑轮装入电缆,将电缆固定在吊笼的电缆导架上。调整电缆的长度,保证吊笼下降到与门坎水平时,吊笼立柱的下端与滑车距离约为 6 cm,同时滑车架要保持水平。

⑧开动吊笼,安装该侧的防护环。

⑨重复以上步骤,安装另一侧电缆导向系统。

⑩导轨架加高后,上固定架低于导轨架架设总高度的一半时,应将上固定架上移。

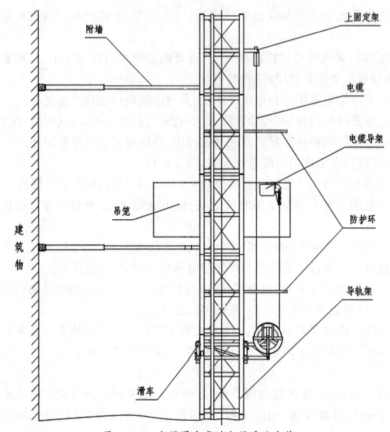

图 2.4-11　电缆滑车式的电缆系统安装

2.4.2　使用

2.4.2.1　基本要求

(1)施工升降机为特种设备,必须经特种设备安全监督管理部门核准的检验检测机构检测合格后,方可挂牌使用。升降机操作人员,必须是经过培训并取得合格证书的人员。

(2)升降机顶部风力超过 8 级及导轨架、电缆上结冰时,不得启动升降机。

(3)升降机受到暴雨(或强风)袭击后,应由专业人员对电器、结构件和主要机构等进行检查,在确认安全的情况下才能使用升降机。

(4)升降机启动前,应确认吊笼和对重通道内无障碍物和人员;吊笼启动后,应注意观察吊笼运行通道内是否有障碍物。

(5)施工升降机安装完成后,应按照使用说明书的要求对各部件进行全面润滑;使用期间,应定期进行清理润滑。

(6)人货两用施工升降机,驾驶室内除驾驶员外不得载运其他人员(或货物)。升降机正常使用时,吊笼顶上不得有人员(或货物)。升降机运行时,严禁开门,或将手和物品伸吊笼外,严禁人员、物品进入底笼(围栏)范围。

(7)人货两用施工升降机吊笼载荷和乘员人数不得超过规定值,货用施工升降机严禁载人。

(8)发现故障,应立即停车;故障未解除,不得启动升降机。

(9)正常使用时,吊笼顶上的吊杆应拆除,严禁在吊杆上挂物运行吊笼。安装时,升降机必须采用笼顶操作。

(10)升降机的基础不允许存有积水,要保持吊笼内、吊笼顶的清洁。

(11)下班后,升降机应停靠在地面站台,将开关拨至"OFF(关)"处,并切断底笼电源。

(12)按要求定期进行检查、保养和安全器坠落试验。

(13)变频调速升降机启动前,应检查配电箱风扇是否转动、电阻发热是否正常。

(14)变频调速升降机切断主电路后,重新运行升降机,至少应按启动按钮(接通主电路)3 秒钟后才能重新启动。

(15)变频调速升降机检修电路时,必须切断主电路,停机 10 分钟后才能检修。

2.4.2.2　使用前的检查

(1)检查螺栓紧固件有无松动现象。

(2)检查电气系统、各交流接触点吸合和导线接头等是否正常可靠。

(3)检查安全限位开关、限位碰块是否能正常工作。

(4)检查吊笼运行通道上是否有障碍物,吊笼运行安全距离是否符合要求。

(5)检查各部位的润滑是否满足要求。

(6)检查吊笼进出门、防护围栏门等是否开启灵活。

(7)检查滚轮、背轮的调整间隙和齿轮与齿条的啮合间隙是否正常。

(8)检查防坠安全器的动作是否可靠。

2.4.2.3　操作时的注意事项

(1)当班司机启动升降机前,应认真阅读上班司机移交的运转记录,若有未处理的问题应及时解决。

(2)司机严禁酒后上岗操作。

(3)冬季升降机启动困难时,应先进行空载试运行,待减速器油温正常后再正式工作。

(4)作业前,应对升降机各部件进行全面检查,确认各部件安全可靠及有效后,方可开始作业。

(5)满载吊笼下降运行,在地面(基)站停止时,应避免撞击缓冲弹簧。

(6)升降机运行时,严禁背靠(或挤压)吊笼进出料门。

(7)升降机启动前要响电铃2次提醒吊笼内乘员注意,在运行中发现异常情况应立即按下急停按钮。

(8)下班后,吊笼应停在地面(基)站台,并切断供电电源、锁好电箱、关闭吊笼门和围栏门(并锁好),做好当班纪录。

(9)升降机发生故障(或有异常情况),及时通知专业人员(或生产厂家)维修。

(10)按规定要求,定期进行检查、保养和吊笼防坠落试验。

2.4.3 拆卸
2.4.3.1 操作要点

拆卸作业的方式和顺序基本与安装时(详见2.4.1相关内容)相反,这里仅介绍一些拆卸操作要点。

(1)拆卸作业前,应确认施工升降机基础、供电电源、辅助的起重设备、作业区域安全措施等符合条件。同时,应确认防坠安全器在有效的标定期限内。

(2)拆卸作业前,技术人员应对拆卸作业人员进行安全技术交底,交底双方应履行签字手续。

(3)拆卸人员须持有特种设备操作许可证,熟悉升降机的性能结构特点并能熟练地操作。

(4)拆卸作业人员应严格按照安全技术交底内容作业,不得违章操作。

(5)升降机顶部风力超过6级或遇雷雨、大雪、台风等恶劣天气,不得进行拆卸作业。

(6)拆卸作业区域范围,应设置警戒线,其他人员不得进入。

(7)拆卸作业人员高处作业时,应系好安全带,穿好防滑鞋。悬吊物下不得站人,所有物件应抓牢、放稳。

(8)拆卸作业应统一指挥、责任明确并采取必要的安全防护措施。

(9)拆卸时,确保升降机运行通道内没有障碍物。

(10)严禁拆卸作业人员酒后作业及进行与拆卸无关的工作。

(11)禁止夜间进行拆卸作业。

(12)拆卸作业时,应将加节按钮盒移至吊笼顶部操作(严禁在吊笼内操作)。

（13）拆卸作业时，严禁以投掷的方法传递工具和器材。

（14）吊笼运行时，严禁拆卸人员的头和手露出安全栏以外，否则极易引发事故（见图 2.4-12）。

（15）零配件和工具应放置平稳，防止外露和从高处坠落。

（16）作业人员、零配件和工具等的重量，不得超过额定载重量。

（17）导轨架（或附墙架）上有人员作业时，严禁启动升降机；安装吊杆时，严禁超载；吊杆上有悬挂物件时，严禁启动升降机。

（18）发现故障，应立刻停止拆卸；故障未解除，不得启动升降机。

（19）特殊情况下，拆卸作业不能继续进行时，应采取相应措施确保未拆卸的部件固定牢靠。要拧紧标准节和附墙架的连接螺栓，否则极易引发事故（图2.4-13）。经检查确认无隐患后，方可停止作业。

图 2.4-12 头部伸出安全栏事故模拟图

图 2.4-13 标准节螺栓未拧紧事故模拟图

（20）拆卸完毕后，应拆除所有临时设施，清理作业时所用的索具、工具、辅助用具、各种零配件和杂物等。

2.4.3.2 注意事项

（1）应确保有足够的区域范围作为拆卸场地，并在上方架设安全网。

（2）在拆卸作业前，应对吊笼进行一次防坠落试验。

（3）拆卸前应重点检查升降机的关键部件，发现安全隐患及时解决。

（4）拆卸作业人员和运载的导轨架标准节及其他部件的重量，不得超过额定载重量。

（5）拆下的部件被吊放到吊笼顶板上之前，严禁驱动升降机吊笼。

（6）拆卸附墙架时，升降机导轨架自由端的高度应满足使用说明书的要求。

（7）拆除最后一道附墙架后，与基础相连的导轨架应能保持稳定。

（8）升降机拆卸作业，应尽量连续完成。不能连续完成时，应采取措施保证升降机处于安全状态。

（9）在确保吊笼最高导向轮位置正确，吊具和吊杆到位后，方可拆卸导轨架的连接螺栓；在撬松与下部标准节间的结合面后，才能吊离头架或标准节。

（10）拆卸过程中，吊笼的运行速度不得超过额定起升（下降）速度。

（11）拆卸双吊笼升降机时，两只吊笼必须同时上升、停止和下降。

2.5　货用施工升降机的安装与拆卸

2.5.1　井字架和附墙架安装与拆卸要点

1）井字架安装与拆卸要点

（1）井字架安装前，基础（应与提升机构的基础成一体）混凝土强度应达到设计强度的75%以上；基础排水措施要到位、顺畅；周边有沟槽开挖（或较大振动）施工时，应有相应的措施。

（2）检查金属结构的成套性和完好性。

（3）架体底座应安装在地脚螺栓上，并用双螺母固定。

（4）杆件节点和接头的连接，螺栓数量应满足要求，不得漏装，不得用钢丝等替代。

（5）新机安装时，垂直度偏差应不大于1‰；经过多次使用后又重新安装时，垂直度偏差应不大于2‰。

（6）调整垂直度的钢垫片数量一般应控制在1~2片，并与底座固定为一体。

（7）在各层楼道进出料接口处，开口部位应局部加强。

（8）导轨与架体连接应可靠、准直。

（9）拆卸作业时，严禁从高处向下抛掷物件（杆件或螺栓）。

（10）拆除曳引式传动的升降机时，宜将吊笼停放在地面，对重搁直在架体顶端。

（11）按规定设置避雷针和接地保护。

2）附墙架安装与拆卸要点

附墙架一般由预埋件、前支座、附墙杆（一端头应可调节、带锁紧螺母）、后绞座等组成。

（1）预埋件位置、锚固方法，应符合使用说明书的要求。

（2）附墙架与架体和建（构）筑物间的连接应采用刚性连接，连接件应紧固，开口销安装要正确,严禁焊接。

(3)一组附墙架的附墙杆不得少于 3 根(一般由 3~4 根附墙杆组成附墙架)。

(4)附墙架的水平度应达到使用说明书的要求,杆件长细比要符合规范要求。

(5)架体的垂直度不小于 1‰时,应对附墙进行调整。

(6)附墙架的安装与拆卸,应与架体升高(或降低)同步进行。

(7)缆风绳做附墙时,四角 4 根缆风绳受力应均匀,花篮螺栓应选用与缆风绳相匹配的型号,调节张紧度(对角 2 根应同时收放)。

2.5.2　曳引机传动货用升降机安装与拆卸要点

(1)安放曳引机的混凝土基础应平整,强度达到使用说明书要求;曳引机与基础的固定应牢固、可靠。

(2)每根曳引绳受力应均匀,无过松、过紧状况。

(3)曳引绳应有防脱装置,防脱装置应设计合理、固定可靠。

(4)各传动部件间无砂浆和混凝土等侵入,润滑情况良好(曳引绳不应润滑)。

(5)曳引机制动器应灵敏可靠,吊笼停车试验时冲程(制动距离)应无变化。

(6)对重上下运行应灵活,装置齐全、可靠。

(7)安拆吊笼的专用钢丝绳应经检验合格后方可使用,并妥善保管与维护。

(8)采用专用钢丝绳吊卸吊笼前,应检查防坠安全器的灵敏度和可靠性,无隐患后方可下放吊笼作业。

(9)升降机拆卸时,吊笼宜停放在地面,对重搁直在架体顶端。

第3章 建筑起重机械的检查和维护

3.1 塔式起重机的检查和维护

3.1.1 结构件的检查和维护

1)底架结构的检查和维护

(1)地下节、地下预埋螺栓等应一次性使用,不得将旧标准节作为地下节。

(2)底架结构在工程现场安装后,必须按规定进行定期监测。监测内容为塔式起重机基础沉降、塔身倾斜等情况,以及塔式起重机使用、基坑开挖过程中底架结构的动态稳定性。

(3)检查地下节和预埋螺栓的规格、材质和构造是否符合设计要求。预埋螺栓采用中碳钢的,螺杆不能重力敲击,不能与承台钢筋焊接;采用低碳钢的,可以焊接。地下节主弦杆上的防拔钢板埋入时需临时割去的,就位后应复位补上。

(4)检查底架构件间的连接、底架和塔身间的连接是否可靠(预紧力是否满足要求,螺栓长度是否合适)。

(5)定期检查各连接螺栓、销轴的固定(或紧固)情况;检查基础排水是否通畅,避免底架构件锈蚀破坏;检查可能出现早期疲劳裂纹的部位。使用时间较长的塔式起重机,应定期对底架结构进行涂漆防锈;发现开焊情况,应及时补焊。

(6)组合基础上采用混凝土承台基础时,底架结构的维护要求应与非组合基础相同;组合基础上采用钢平台基础时,要确保第一节标准节(图3.1-1)高强螺栓的预紧力,并做好螺栓的防松措施。

图 3.1-1 组合基础直接安装标准节

(7)防止底架结构架体的高强度连接螺栓松动,发现松动应及时紧固。

2)塔身的检查和维护

(1)塔身标准节间的高强螺栓连接必须按规定的预紧力紧固,并应定期检查。

(2)塔身高强螺栓应采用正确的拧紧方法;双螺母防松应紧固到位,不得使用其他形式。

(3)高强度螺栓第一次安装并使用 100 小时后,应全部检查并均匀拧紧;以后,每工作 500 小时检查一次。

(4)每周检查标准节的裂纹(采取目测、放大镜、渗透或磁粉探伤等方法),重点检查旧标准节(或经常过载标准节)中容易出现裂纹的相关部位(图 3.1-2)。

图 3.1-2　标准节裂纹

(5)防止结构架体的高强度连接螺栓松动,发现松动应及时紧固。

(6)结构架体锈蚀严重的,及时涂漆防锈;发现开焊情况,应及时补焊。

(7)定期油漆保养。

3)爬升套架的检查和维护

(1)检查爬爪、爬爪座和顶升油缸的承力点部位受力后的变形情况(图 3.1-3);有明显塑性变形的杆件应予报废更换,来源不清的爬爪、销轴、油缸组合应慎用;爬爪座焊缝开裂、承力焊缝高度和长度不足,应制订专项方案进行加固修复。

(2)检查滚轮滑板是否有足够的位置调节范围,滚轮转动是否灵活,滑块表面是否平整。

(3)外套架顶起后,严禁启动回转机构;安装吊运时,起吊点应合理,以防止结构变形。

图 3.1-3 爬爪、爬爪座和顶升油缸的承力点部位受力后产生裂纹

(4)检查顶升横梁和防脱装置的焊缝质量,发现缺陷及时处理。

(5)爬升轮(滚轮)和调节螺杆应有效润滑,爬升轮与标准节之间的间隙必须调整到位。

(6)构件锈蚀严重的,应及时涂漆防锈;发现开焊情况,应及时补焊。

(7)顶升前,目测三个承力点(爬爪、爬爪座和顶升油缸)的焊缝开裂等情况。

4)起重臂及拉杆的检查和维护

(1)目测起重臂和拉杆各处的变形情况。

(2)用游标卡尺测量起重臂和拉杆轴、销孔的磨损情况,超过5‰应立即更换。

(3)检查起重臂(下弦杆上跑的是铸铁滚轮)杆壁磨损量,超过10%应立即报废。

(4)定期检查起重臂(薄壁管材)的锈蚀情况,发现问题及时更换。安装时,要检查起重臂各销轴与销孔的配合间隙是否合理,防连接销脱出的开口销是否按规范设置,发现异常及时处理。

(5)构件锈蚀严重的,应及时涂漆防锈;发现开焊情况,应及时补焊。

(6)更换塑性变形(损坏)的结构件,应请有资质的单位进行,防止结构变形。

(7)定期做好油漆保养。

5)上下支座的检查和维护

(1)定期检查上下支座中的各耳板是否有变形、裂纹和脱焊等缺陷;各连接孔要定期检测其内孔磨损程度,内孔椭圆度(或者直径变大)达到6%以上应更换孔板。

(2)回转支承一般不少于两年一次解体,对弹体、弹道和弹隔进行清洗(用柴油)并更换润滑脂,解体(安装)的方法和润滑脂的品牌应符合生产厂家的使用说明书要求。定期复拧检查螺栓的预紧力。

(3)检查筋板的厚度和相近焊缝的外观,发现问题及时修复。

(4)固定司机室用的耳板和销轴,安装应准确,并同时安装防销轴脱出开口销等(不得用小规格螺栓代替)。

(5)经常观察与上下支座连接部件(如塔顶、臂架、平衡臂等)的晃动情况,发现异常及时处理。

(6)构件锈蚀严重的,及时涂漆防锈;发现开焊情况,应及时补焊。

(7)检查构件的连接螺栓和焊缝损坏、变形和松动等情况,发现问题立即处理。

(8)定期做好油漆保养。

6)塔顶的检查和维护

(1)目测主弦杆单肢在超载情况下的变形情况。

(2)用游标卡尺测量轴和销孔磨损和受力拉长情况,超过5‰应立即更换。

(3)检查各杆件连接处的焊缝情况,发现开裂应立即停止使用。

(4)按操作规程操作(不超载),以减少塔式起重机工作时的晃动。

(5)构件锈蚀严重的,应及时涂漆防锈;发现开焊情况,应及时补焊。

(6)定期做好油漆保养。

7)载重小车的检查和维护

(1)检查滑轮防止钢丝绳脱出的措施,滚轮、侧滚轮应齐全、转动灵活。

(2)检测和控制小车钢结构的变形。

(3)检查起升钢丝绳对小车结构(或销轴)的磨损情况,发现问题及时处理。

(4)滚轮和侧滚轮轴承应定期拆洗、换注润滑剂。

(5)目测载重小车运行,防止小车滚轮在臂架轨道上跑偏、跑空。

(6)及时调整载重小车牵引钢丝绳的松紧程度和绳档的间隙,发现损坏立即修复。

8)平衡臂及拉杆的检查和维护

(1)目测平衡臂及拉杆各处的变形情况。

(2)用游标卡尺测量平衡臂及拉杆轴和销孔的磨损情况,超过5‰应立即更换。

(3)检查平衡臂各销轴与销孔的配合间隙是否符合要求,防连接销脱出的开口销是否按规范设置。

(4)检查走台网板的破损情况;更换塑性变形(损坏)的结构件,应请有资质的单位进行,防止结构变形。

(5)栏杆扶手齐全、牢固可靠,定期做好油漆保养。

(6)运输中,应防止构件变形和碰撞损坏。

3.1.2 主要机构的检查和维护

1)起升机构的检查和维护

(1)检查制动瓦与制动轮之间的间隙是否符合要求。

(2)检查润滑油、液压油是否正常。

(3)发现各钢丝绳断丝和松股超过规定,必须立即更换。

(4)排绳装置润滑到位、灵活可靠,挡绳间隙合理。

(5)制动瓦、制动轮摩擦面上发现污物,应及时清洗。

(6)按规定要求保养钢丝绳。

2)变幅机构的检查和维护

(1)检查两个刹车盘之间的间隙是否符合要求。

(2)检查润滑油、液压油是否正常。

(3)发现各钢丝绳断丝和松股超过规定,必须立即更换。

(4)保持卷筒良好的排绳作用,挡绳间隙合理。

(5)制动瓦、制动轮摩擦面上发现污物,应及时清洗。

(6)按规定要求保养钢丝绳。

3)回转机构的检查和维护

(1)定期检验回转机构的固定情况,确保回转机构与上支座座孔的安装配合程度达到设计要求。

(2)检查机构运转是否正常,是否有异常声响,发现问题立即排除。

(3)检查回转机构小齿轮与回转支承大齿轮的中心线是否平行,啮合面和侧隙是否合适。

(4)检查直流盘式制动器动作是否良好可靠。

(5)制动瓦、制动轮摩擦面上发现污物,应及时清洗。

(6)回转机构润滑到位、用油合理。

(7)回转支承大、小齿轮啮合面不小于70%,啮合间隙均匀、润滑合理。

(8)液力偶合器的油量应按使用说明书要求执行。

(9)直流盘式制动器制动力矩、盘间距应符合要求。

4)液压顶升机构的检查和维护

(1)检查油箱内部是否清洁、滤油器有无堵塞;液压管路损坏,应立即更换。

(2)爬升前应检查溢流阀的压力是否正常,不得随意更动溢流阀的压力,无液压锁定装置不得使用。

(3)检查各部位是否存在漏油情况。

(4)初次启动油泵时,检查接口是否正确,转动方向是否正确,检查吸油管路是否漏气,检查试运转是否正常。

(5)冬季启动困难时,应先进行空载试运行,待油温正常,控制阀动作灵活后再正式工作。

(6)检查各销轴、耳板的完好性,顶升横梁与标准节的踏步位置尺寸应配合正常。

5)行走机构的检查和维护

(1)检查行走装置的同步性。

(2)确保机构与轨道的安装位置正确,不得"啃轨"。

(3)定期更换动力变速器的润滑油,大修时应解体清洗零部件、换油。

(4)电缆收放装置应适合塔式起重机的运行,张紧调节合理。

(5)制动瓦、制动轮摩擦面上发现污物,应及时清洗。

(6)检查减速器的润滑是否符合要求。

3.1.3　主要安全装置的检查和维护

1)力矩限制器的检查和维护

(1)经常检查力矩限制器的调节螺栓是否锈蚀,力矩限制装置是否起作用。

(2)经常检查3个限位开关的使用情况,发现动作触点阻卡现象应立即更换。

(3)检查弓形板有无明显变形,弹性是否良好,弓形板和限位开关安装座板、调整螺栓等应有足够的刚性和稳定性,确保在使用、运输中不易损坏、变形和失效。

(4)发现力矩限制器的调节螺栓锈蚀应及时更换,调节螺栓的防松螺母应及时紧固。

(5)3个行程开关,应加罩壳或用防雨布。

(6)运输中,应采取临时加固措施,确保弓形板和限位开关安装座板等不损坏、变形。

2)起重量限制器的检查和维护

(1)检查螺杆与开关触点位置的锈蚀情况。

(2)检查行程开关的损坏情况。

(3)检查各微动开关的重量与速度的对应情况。

(4)发现起重量限制器的调节螺栓锈蚀应及时更换,调节螺栓的防松螺母应及时紧固。

(5)行程微动开关损坏,应立即更换。

(6)起重量限制器的微动开关调节,应严格按使用说明书的要求执行。

3)起升高度限位器、幅度限位器、回转限位器的检查和维护

(1)检查螺杆与开关触点位置的磨损情况。

(2)检查连接部位的损坏情况。

(3)发现各限位器的调节螺栓锈蚀应及时更换,调节螺栓的防松螺母应及时紧固。

(4)行程微动开关损坏,应立即更换。

3.1.4 电气控制系统的检查和维护

1)操作台的检查和维护

(1)检查操作手柄操作是否顺畅,是否有卡阻现象。

(2)检查操作手柄自动复位是否正常,零位锁是否正常。

(3)检查各操作开关触点开闭是否正常。

(4)检查主令开关是否损坏,接线是否松动。

(5)检查各动作手柄动作是否清晰、正确。

(6)元器件损坏应及时更换,接线松动应及时拧紧。

2)电控箱的检查和维护

(1)检查电控箱的外观是否完整,门锁是否完好,防雨性能是否良好。保持电控箱内部清洁,及时清扫电器设备上的灰尘。

(2)观察接触器的动作是否正常,吸合和释放是否存在不畅现象。

(3)检查变压器温升是否正常。

(4)电控箱内的电线有破损或裸露现象的,应及时包扎或更换。

(5)检查变频器是否正常,变频器的散热和振动是否正常。

(6)检查电箱内的接线端子是否松动。

(7)检查断路器脱扣装置的完好性,保证电控箱内断路器等电气保护装置

工作正常。

(8)定期检查电缆线的接线,确保接线无松动现象。

(9)定期检查电控箱的冷却系统(采用变频器的),确保电控箱内的散热通道畅通。

3)电动机的检查和维护

(1)检查电动机三相绕组是否平衡。

(2)检查电动机外壳是否有破损,是否存在进水现象。

(3)检查电动机的机体温升是否过高或有异味,轴承温度是否过高。

(4)检查碳刷接触面是否足够。

(5)检查电动机对地、相间绝缘是否符合要求。

(6)经常检查润滑系统,保证润滑系统可靠可用。

(7)发现噪声过大(或振动突然增大),应立即采取措施予以纠正。

(8)电动机各部分电刷接触部位要保持清洁,确保电刷接触面积不小于50%。

(9)定期测量电动机的相间和对地绝缘,保证绝缘电阻不小于 0.5 MΩ。

4)电缆的检查和维护

(1)发现电缆破损,应及时包扎或更换。

(2)测量电缆相间绝缘是否完好,发现问题及时处理。

(3)测量电缆对地绝缘是否完好,发现异常及时更换或查找问题点进行相应处理。

(4)检查电缆是否有断相,防止设备缺相运行。

5)供电系统的检查和维护

(1)检查供电系统是否符合 TN–S 系统要求。

(2)检查漏电保护器是否正常工作。

(3)定期做接地检查,保证接地电阻不大于 4 Ω。

6)安全监控系统的检查和维护

(1)检查传感器接线是否有误,信号线是否有损伤或断线。

(2)检查 SIM 卡是否插上,是否欠费。

(3)检查显示屏是否损坏,有无磕碰。

(4)检查保护值到达时,输出控制端继电器是否有动作。

(5)检查传感器等周边是否有大磁场的干扰源。

(6)检查各连接部位是否有松动或脱开。

3.1.5　基础的检查和维护

详见 1.2.7 相关内容。

3.1.6 安装拆卸时的检查和维护

1)立塔时的检查和维护

(1)结构件和焊缝出现裂纹,应采取相应的加强措施;使用中,应定期观察。裂纹影响超过规定的,应立即报废。

(2)检查塔身垂直度(图 3.1-4)、平面误差。

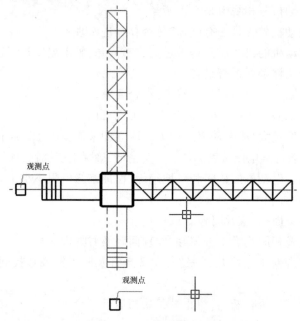

图 3.1-4 塔身垂直度的测量

(3)根据制动力矩调整制动块与制动轮间隙。

(4)检查塔身连接螺栓是否紧固。发现螺母、螺栓松动或有螺纹部分损伤,应立即拧紧或更换螺栓(或螺母)。

(5)检查钢丝绳的磨损、断丝等情况。

2)顶升时的检查和维护

(1)检查油箱内部是否清洁。

(2)爬升前,应检查溢流阀的压力是否正常,不得随意更动溢流阀的压力。

(3)检查各部位是否存在漏油情况。

(4)检查滤油器是否堵塞,安全阀是否正常。

(5)检查油泵、油缸和控制阀的渗漏情况,发现问题及时修复。

(6)初次启动油泵时,检查接口是否正确,转动方向是否正确,检查吸油管路是否漏气,检查试运转是否正常。

(7)冬季启动困难时,要先进行空载试运行,待油温正常、控制阀动作灵活后再正式工作。

(8)检查爬升套架与塔身四周的间隙是否均匀,顶升横梁与踏步接触是否良好。

3)附墙安装时的检查和维护

(1)经常检查附墙框、附墙杆的各连接处是否处于张紧状态。

(2)格构式附墙装置(型钢构成)应注意防锈。

(3)经常检查附墙杆的变形情况。

(4)附墙装置(框架及支撑杆)设计制作应由专业厂家负责。

4)拆卸时的检查和维护

(1)检查液压顶升系统、套架滚轮系统是否正常。

(2)检查爬升套架上的滚轮、爬爪、顶升横梁等是否完好、转动自如。

(3)检查顶升横梁两边的爬爪是否处于标准节两边爬爪板的中间,爬爪和爬爪板是否相对固定。

(4)检查回转制动器是否处于制动状态,拆卸时严禁上部回转。

(5)检查液压系统工作是否正常,各油管密封有无老化,接头有无渗漏油现象,检查各液压阀、安全锁是否完好。

3.1.7　使用中的检查和维护

3.1.7.1　塔式起重机的检验

1)塔式起重机的日常检验

塔式起重机的日常检验:应为验证塔式起重机的承载能力、安全保护及性能等参数是否达到规定的要求,保证塔式起重机的安全使用,该机的产权单位(或管理部门)依据国家有关标准和规范自行组织的检验。

主要有以下几种类型:

(1)安装检验

塔式起重机每次整机安装完成、投入使用前,必须进行一次全面的整机性能试验,试验内容包括机构、结构、安全装置、电气系统等有关部分,详见《塔式起重机》(GB/T 5031—2008)的相关内容和要求。

(2)安全装置检验

塔式起重机使用半个月左右,应对主要装置(力矩限制器、重量限制器、回转限制器、幅度限制器、高度限制器等)进行一次专项试验,检验其功能和动作精度是否达到标准和使用说明书的要求。各项装置试验介绍如下,具体试验方法和内容则详见《塔式起重机》(GB/T 5031—2008)相关内容。

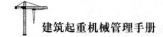

起重力矩限制器试验：按定幅变码和定码变幅方式分别进行试验，重复 3 次，要求每次均能满足要求。

起重量限制器试验：分别进行最大额定起重量、速度限制试验，重复 3 次，要求每次均能满足要求。

显示装置显示精度试验：分别进行幅度显示精度、起重量显示精度、力矩显示精度试验，重复 3 次，要求每次均能满足要求。

行程限位装置试验：在空载状态下按正常工作速度进行各行程限位设置试验，重复 3 次，要求每次均能满足要求。

起升、变幅、制动检查：塔式起重机的起升机构、动臂变幅塔式起重机的变幅机构使用 1 个月左右，或每次更换制动摩擦片、每次重新调整制动间隙后，必须进行制动试验，验证制动效果是否良好。

2）塔式起重机的法定检验

塔式起重机的法定检验：具有法定资质的专门检验单位，依据国家或政府主管部门的有关规定对塔式起重机进行的各类强制性检验。

主要有以下几种类型：

（1）型式试验

塔式起重机的新产品，或进行了重大设计改型的老产品，必须由政府有关部门授权的特种设备试验机构对该产品进行型式试验。检验合格并颁发合格证书后，新产品才能投入市场。型式试验的内容包括塔机的出厂试验、结构试验和可靠性试验。

（2）安装验收检验

塔式起重机在工地（建筑和市政工程）安装完成并由产权单位（或管理部门）自行检验合格后，必须由省（区、市）建设行政主管部门授权的检验机构进行安装验收，检验合格并经省（区、市）建设行政主管部门颁发准用证后，才能投入使用。

3.1.7.2 塔式起重机常见故障及排除方法

1）常见故障及排除方法

塔式起重机的常见故障及排除方法详见表 3.1–1。

表 3.1-1　塔式起重机常见故障及排除方法

机构	序号	常见故障	原因分析	排除方法
液压顶升机构	1	顶升太慢	(1)油缸密封圈损伤,出现内泄 (2)油泵磨损,压力减弱 (3)油量不足或滤油器堵塞 (4)手动换向阀磨损严重、不能复位	(1)调换密封圈 (2)修理或更换油泵 (3)加油或清理 (4)修理或更换换向阀
	2	顶升无力或不能顶升	(1)油泵损坏,严重内泄 (2)管路问题 (3)溢流阀调定压力过低	(1)修理或更换油泵 (2)清洗疏通、更换或修理 (3)调节溢流阀压力
	3	顶升发生颤抖爬行	(1)油缸活塞空气未排除 (2)导向机构有障碍 (3)导轮单面卡死	(1)排出空气 (2)排除障碍 (3)调节间隙
	4	顶升有负载后出现自降	(1)缸夹上的平衡阀出现故障 (2)油缸活塞密封损坏 (3)管路破损	(1)排除故障 (2)更换密封件 (3)修复管路
	5	升压时出现噪声振动	滤油器堵塞	清洗滤油器
	6	系统不工作	电动机接线错误(油泵转向不对)	更正
起升机构	7	不能启动	(1)控制接线错误 (2)熔丝烧断 (3)电动机绕阻短路、断路 (4)电动机电压过低 (5)绕阻接线错误 (6)制动器未打开 (7)传动机械有故障	(1)核对接线图 (2)检查更换 (3)检查电动机 (4)检查电网电压 (5)按各挡位分别供电修复 (6)检修制动器 (7)排除故障
	8	不能起升	(1)超载,超力矩 (2)超载或超力矩开关故障 (3)高度限位器动作 (4)高度限位器故障 (5)热保器动作或损坏	(1)卸载,向内变幅 (2)修理或更换开关 (3)修理 (4)修理或更换 (5)手动复位或修理更换
	9	起升无高速	(1)高速绕阻故障 (2)高速挡操纵手柄故障	(1)检修 (2)修理或更换
	10	起升只有低速挡	(1)延时继电器故障 (2)低速挡操纵手柄故障	(1)修理或更换 (2)修理或更换
	11	起升无力	(1)外电源电压过低 (2)电缆线过长(压降太大)	(1)检查外电源电路 (2)改变接线方式
	12	起升动作时跳闸	(1)起升电动机过流 (2)变压器容量不够 (3)动力电缆的线径不够	(1)检查修复 (2)加大变压器容量 (3)增加线径

机构	序号	常见故障	原因分析	排除方法
起升机构	13	起升电动机温度过高	(1)1挡、2挡使用时间过长 (2)起升刹车未打开	(1)减少1挡、2挡使用时间 (2)调整刹车间隙
	14	重物下滑或制动不灵敏	(1)制动力矩过小 (2)制动轮与磨擦片之间间隙过大	(1)调整制动器弹簧 (2)调节间隙
	15	重物冲击过猛	(1)制动力矩过大 (2)制动时间过短	调整制动器弹簧
	16	制动器运转时发热冒烟	制动闸瓦之间间隙过小	调整间隙
	17	重物上升过程中有跳动	(1)由低速挡到高速挡变速太快 (2)延时继电器延时时间不够	(1)平稳操作 (2)调整延时时间
	18	启动按钮失灵	(1)操作手柄未归零 (2)电控柜熔丝烧坏 (3)启动或停止按钮接触不良	(1)手柄归零 (2)修复熔断器 (3)修理或更换按钮
回转机构	19	启动不了	(1)异物卡在齿轮处 (2)回转电流继电器动作	(1)清除异物 (2)复位
	20	不能向一面转动	(1)回转限位器动作 (2)回转限位损坏	(1)向相反方向回转 (2)修理或更换
	21	回转速度慢	(1)液偶缺油 (2)外电源电压过低 (3)停放器未打开 (4)电动机绝缘损坏	(1)加至额定油量 (2)检查外电源 (3)检查修理 (4)修理或更换
	22	回转不能制动	(1)停放器损坏 (2)电流继电器动作	(1)清除锈蚀 (2)修复制动弹簧
变幅机构	23	小车制动后向外溜车	(1)制动盘间隙过大 (2)制动盘表面污损 (3)制动盘线圈损坏	(1)调整间隙 (2)清除油污 (3)修理或更换
	24	小车制动器失灵	(1)制动力矩过小 (2)制动盘磨擦片磨损 (3)励磁电压不足	(1)调整间隙 (2)更换磨擦片 (3)检修
	25	小车经常跳闸	(1)传动系统故障(阻力过大) (2)制动盘间隙过小(或不均匀) (3)小车热保护器动作(或损坏)	(1)检查阻力源 (2)调整间隙 (3)复位(损坏则更换)
	26	变幅机构有异常噪声,振动过大	(1)机械磨损 (2)电动机定子与转子相擦 (3)电动机和减速箱不同心 (4)齿轮箱内缺油 (5)轴承损坏或缺油 (6)齿轮或涡轮磨损 (7)电源两相	(1)检查修复 (2)调整定子与转子的间隙 (3)修复或更换 (4)注油 (5)更换轴承或加油 (6)更换 (7)检查电源

机构	序号	常见故障	原因分析	排除方法
变幅机构	27	变幅机构带电	(1)接地接错或电动机拉线擦伤 (2)接地不良	(1)检查修复 (2)正确接地
	28	变幅机构电动机温度过高或烧坏	(1)负载过大 (2)负载持续或不符合规定 (3)电源两相运行、电压过低或过高 (4)电动机绕阻接地或相间短路 (5)制动片间隙不对 (6)电动机通风不畅	(1)排除额外负载 (2)减少负载 (3)检查电源 (4)检查电动机 (5)调整间隙 (6)保持通风道畅通
	29	只有低速挡	(1)换速开关断开或断线 (2)时间继电器(KT2)损坏	修理或调换
载重小车	30	载重小车前后窜动过大	(1)机构故障 (2)小车牵引绳太松	(1)排除故障 (2)收紧小车牵引绳
	31	晃动大	侧滚轮与臂架间隙过大	调整间隙
	32	不能向外变幅	超力矩或外限位开关损坏	修理或更换
	33	不能向内变幅	内限位开关动作	修理或调整
塔身	34	塔身工作时晃动严重	(1)连接螺栓未拧紧 (2)回转机构传动故障	(1)正确拧紧 (2)排除故障
	35	塔身带电	电线漏电	检查修复
	36	塔身静电	靠近电磁波发射塔	吊钩上吊一导体触地
上下支座	37	发出异常声音	(1)上下支座结构件脱焊 (2)上下支座与齿圈联接螺栓拧紧不均匀	(1)修复 (2)重新对称紧固

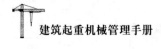

2）电气控制系统常见故障及处理方法

电气控制系统常见故障及处理方法详见表3.1-2。

表3.1-2　电气控制系统常见故障及处理方法

机构	序号	常见故障	原因分析	排除方法
起升机构	1	不能起动	（1）控制接线错误 （2）控制起升断路器跳闸 （3）电动机绕阻短路、断路 （4）电动机电压过低 （5）绕阻接线错误 （6）制动器未打开	（1）核对接线图 （2）检查断路器，重新合闸 （3）检查电动机 （4）测量电网电压 （5）按各挡位分别供电修复 （6）整修制动器
	2	不能起升	（1）超载，超力矩 （2）超载或超力矩开关故障 （3）高度限位器动作 （4）高度限位器故障 （5）热继电器动作 （6）热机电器损坏 （7）PLC 无输出 （8）变频器无输出	（1）卸载，向内变幅 （2）修理或更换 （3）修理或更换 （4）修理或更换 （5）手动复位 （6）修理或更换 （7）检查相关限位输入和触点 （8）检查触点、变频器参数设置
	3	起升无高速	（1）高速绕阻故障 （2）高速操纵手柄故障 （3）PLC 无输出 （4）变频器无输出	（1）修理或更换 （2）修理或更换 （3）检查相关限位输入和触点 （4）检查触点、变频器参数设置
	4	起升只有低速	（1）延时继电器故障 （2）操纵手柄故障	（1）修理或更换 （2）修理或更换
	5	起升无力	（1）外电源电压过低 （2）电缆线过长（压降过大）	（1）检查外电源电路 （2）改变接线方式（换粗电缆）
	6	起升时跳闸	（1）热继电器动作 （2）变压器容量不够 （3）变压器至塔式起重机动力电缆的线径不够	（1）检查刹车是否打开，过流稳定值是否变化 （2）加大变压器容量 （3）增加线径
	7	起升电动机温度过高	（1）1 挡、2 挡使用时间过长（或起升刹车没打开） （2）低压运行时间过长	（1）减少 1 挡、2 挡使用时间，检查刹车间隙（调至合适） （2）检查使用电压
回转机构	8	启动不了	（1）回转电流继电器动作 （2）回转/制动开关在制动位置 （3）回转限位器的左右限位重合 （4）绕线电动机转子开路 （5）变频器故障 （6）程控器损坏或控制程序丢失	（1）复位 （2）调至回转位置 （3）调整回转限位器 （4）连接转子回路 （5）查出原因并处理 （6）更换程控器或重新输入控制程序
	9	不能向一面转动	（1）回转限位器动作 （2）回转限位损坏 （3）PLC 无输出 （4）RCV 模块问题	（1）向相反方向回转 （2）修理或更换限位器 （3）检查相关限位输入和触点 （4）检查导通情况

机构	序号	常见故障	原因分析	排除方法
回转机构	10	回转速度慢	(1)液偶缺油 (2)外电源电压过低 (3)制动器没有打开 (4)电动机绝缘损坏	(1)加至额定油量 (2)检查外电源 (3)检查制动器 (4)修理或更换
	11	回转不能制动	(1)回转制动器损坏 (2)回转/制动按钮损坏 (3)回转/制动接触器损坏	(1)清除锈蚀,修复制动弹簧 (2)更换开关 (3)更换接触器
变幅机构	12	变幅小车经常跳闸	(1)传动系统故障(阻力过大) (2)制动盘间隙太小(或不均匀) (3)小车热继电器动作或损坏	(1)检查阻力源 (2)调整制动盘之间的间隙 (3)热继电器复位或更换
	13	变幅机构带电	(1)电源线、接地接错或电动机拉线擦伤 (2)接地不良	(1)检查并纠正 (2)正确接地
	14	电动机温度过高或烧坏	(1)负载过大 (2)负载持续或不符合规定 (3)电源缺相运行 (4)电源电压过低 (5)电动机绕阻接地(或匝间、相间)短路 (6)制动片间隙不合适 (7)电动机通风不畅、温度过高	(1)排除额外负载 (2)减少负载 (3)检测电源 (4)检查输入电压 (5)检查电动机 (6)调整间隙 (7)检查冷却风扇
	15	只有低速挡	(1)进入换速区 (2)时间继电器(KT2)损坏 (3)PLC 无输出	(1)修理或调换 (2)更换继电器 (3)检查相关限位输入和触点
	16	不能向外变幅	(1)超力矩 (2)力矩开关、外限位开关动作 (3)外限位开关损坏 (4)PLC 无输出	(1)向内变幅 (2)修理或更换 (3)更换限位开关 (4)检查相关限位输入和触点
	17	不能向内变幅	(1)内限位开关动作 (2)PLC 无输出	(1)修理或调整 (2)检查相关限位输入和触点
总控	18	启动按钮失灵	(1)操作手柄未归零 (2)电控柜断路器跳闸或熔断器保险丝熔断 (3)启动(或停止)按钮接触不良(或损坏) (4)电源电压过低(或过高),存在断相(或错相)	(1)手柄归零 (2)检查线路,重新合闸或更换熔断器 (3)修理或更换按钮 (4)检查电源接线

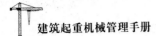

3）安全监控系统常见故障及处理方法

安全监控系统常见故障及处理方法详见表3.1-3。

表3.1-3 安全监控系统常见故障及处理方法

序号	分类	常见故障	原因分析	处理方法
1	蜂鸣器	一直报警	超载超限报警	确认超载超限部位,往危险减小方向运行
			高度加节(或换钢丝绳后)后未及时调试相应参数,误报警	及时调试相应参数
			更换高度、角度等传感器,未重新标定	重新正确标定
		不报警	蜂鸣器损坏	更换蜂鸣器
2	控制	无控制保护	控制线未接	接入控制线
			控制线被短接	重接控制线
			控制线接线错误	重接控制线
			安全装置内控制输出的继电器损坏	请厂家维修
		吊钩、回转、小车等机构失灵	高度、角度、幅度超限	确认超载超限部位,往危险减小方向运行
			力矩或重量超载	
			控制线接线错误	正确接线
			机构故障	请厂家维修
3	显示器	屏幕破碎	使用不当、产品质量不好	更换显示器
		黑屏	电源未接	接上电源
			保险丝烧毁	更换保险丝
			安全装置内部变压器烧毁	更换变压器
			参数配置异常	请厂家重新配置参数
			主板芯片损坏	请厂家维修
		花屏	参数配置异常(不断重启)	请厂家重新配置参数
			显示器损坏	更换显示器
		白屏	晶振不起振或接线接触不良	请厂家维修
			背景光未调节好	请厂家重新调节
4	无线远程监控	不能连接服务器	天线未插	插上天线
			天线损坏	更换天线
			手机卡未插	插入有效手机卡
			手机卡欠费	手机卡续费
			DTU(通信模块)损坏	更换DTU
			仪表参数配置错误	配置正确的参数

序号	分类	常见故障	原因分析	处理方法
5	手持机（有线）	与主机连接不上	数据线损坏	更换数据线
			程序版本不匹配	更换手持机或更新手持机程序
			主机、手持机接口松动	请厂家维修
		显示屏不显示	手持机有进水或损坏	维修
		显示屏歪斜	结构件未紧固	重新固定
6	手持机（无线）	与主机连接不上	设备 ID 号设置错误	输入主机的设备 ID 号
			手持机 WSN 模块损坏	更换手持机
			主机 WSN 模块损坏	请厂家维修
			主机 WSN 天线未接或未接好	接好天线
		显示屏歪斜	结构件没有紧固好	重新固定
		显示屏不显示	电池没电	手持机充电
			手持机有进水或损坏	维修
7	重量参数	显示为 0	传感器安装错误	正确安装
			初始标定错误	正确标定
			传感器损坏	更换传感器
			传感器接线损坏	检查线路
		载重故障	上、下限设置错误	重新正确设置
			传感器损坏	更换传感器
		数据不变或乱跳	标定错误	正确标定
			传感器损坏	更换传感器
8	力矩	显示为 0%	传感器安装错误	正确安装
			标定错误	正确标定
			传感器损坏	更换传感器
		力矩故障	仪表参数 B1、B2 设置错误	正确设置
			传感器损坏	更换传感器
		数据不变或乱跳	标定错误	正确标定
			传感器损坏	更换传感器

序号	分类	常见故障	原因分析	处理方法
9	高度参数	数据乱跳	电位器调节错误	调节电位器
			参数标定错误	正确标定
			顶升后未重新标定	正确标定
			传感器损坏	更换传感器
		数据不变	参数标定错误	正确标定
			传感器线路损坏	更换连接线
			传感器连接处开口销断开	更换开口销或调整传感器
			电动机过渡齿轮脱落	安装过渡齿轮
			传感器损坏	更换传感器
		精度不好	传感器精度损坏	更换传感器
			载重小车松绳	调整载重小车钢丝绳
		高度故障	上、下限设置错误	正确设置
			传感器损坏	更换传感器
10	角度参数	数据乱跳	电位器调节错误	调节电位器
			参数标定错误	正确标定
			传感器损坏	更换传感器
		数据不变	标定错误	正确标定
			传感器线路损坏	更换连接线
			传感器损坏	更换传感器
			传感器连接处开口销断开	更换开口销或调整传感器
			电动机过渡齿轮脱落	安装过渡齿轮
		角度故障	左、右限设置错误	正确设置
			传感器损坏	更换传感器
11	幅度参数	数据乱跳	电位器调节错误	调节电位器
			参数标定错误	正确标定
			顶升后未重新标定	正确标定
			传感器损坏	更换传感器
		数据不变	参数标定错误	正确标定
			传感器线路损坏	更换连接线
			传感器连接处开口销断开	更换开口销或调整传感器
			电动机过渡齿轮脱落	安装过渡齿轮
			传感器损坏	更换传感器
		幅度故障	内、外限设置错误	正确设置
			传感器损坏	更换传感器
		精度不好	传感器精度损坏	更换传感器
			载重小车松绳	调整载重小车钢丝绳
12	风速	数据不变	传感器损坏	更换传感器
			传感器被卡	维修
			连接线损坏	更换连接线

3.1.7.3　日常检查和维护

1)每天检查和维护

(1)检查机构(尤其是制动器)的运转情况。

(2)检查安全装置和指示装置的动作是否正常。

(3)检查设备、钢结构、钢丝绳外观的明显缺陷,发现问题及时处理。

(4)检查制动闸瓦和制动轮之间的间隙是否合适(应在 0.5~1 mm 之间),间隙过大(或过小)应及时调整。

(5)安装排绳轮的起升机构,检查排绳轮运转是否正常,是否存在润滑不良、油污阻塞、轮轴损坏等原因使排绳轮运转不正常,起升钢丝绳在卷筒上排列不齐(甚至出现单边卷绕),跳出卷筒边缘的情况。发现问题及时修复。

(6)检查起升钢丝绳(包括卷筒和吊臂上的部分)的锈蚀情况,发现问题及时加油润滑。钢丝绳断丝、断股和压扁等情况达到报废标准的,应立即报废;同时,应查找出钢丝绳损坏的原因并予以纠正。

(7)检查载重小车、吊钩上的滑轮转动和润滑是否正常,挡绳杆与滑轮边缘的间隙是否符合要求。挡绳杆有过大的变形或磨损,应立即修复。

(8)检查力矩限制器、起重量限制器、高度限制器、幅度限制器、回转限制器等安全装置是否工作正常。检查各电气开关是否完好、各紧固(或调整螺栓)是否松动、显示仪表是否显示正常。

(9)动臂变幅塔式起重机的变幅机构,检查高速和低速端制动器工作是否正常、制动间隙和制动闸瓦的磨损量是否正常、钢丝绳外观是否完好、排绳是否整齐、挡绳杆有无变形损坏、减速机有无渗漏油现象和异常声响等,发现异常应立即停机修复。

(10)检查和维护保养情况,及时记入交接班记录;发现问题,及时修复。

2)每周检查和维护

(1)制动闸瓦磨损量超过厚度的 50%时,应立即更换。

(2)检查起升机构上的挡绳杆(防止钢丝绳跳出卷筒外的装置)有无变形(或损坏),与卷筒边缘的间隙是否符合要求。

(3)检查机构的润滑情况,发现减速机有异常声响或外壳有漏(渗)油时,应立即停机检修。

(4)检查回转减速机的润滑油是否足够,发现漏油、渗油现象,应及时处理。

(5)检查减速机外露螺栓连接情况,发现松动应及时紧固。

(6)检查回转支座的运转、润滑情况和大小齿轮的啮合情况,发现问题及时加油润滑。

(7)检查减速机有无渗漏油现象、有无异常声响、制动器是否工作正常、制动片间隙和磨损量是否正常。

(8)检查小车变幅机构钢丝绳有无运转卡阻和损坏现象,发现问题应立即修复;钢丝绳有松弛现象,应及时张紧。

(9)检查钢结构中容易发生疲劳裂纹的部位,发现裂纹应及时处理。

(10)检查塔身和回转支承处的高强度连接螺栓是否松动,发现松动应及时拧紧。

(11)检查套架、平衡臂和吊臂等各处走台栏杆连接是否可靠、有无焊缝和零部件脱开现象、有无构件锈蚀严重影响安全的情况。

3)每月检查和维护

(1)检查液压装置及各相关部位的润滑、油位和渗漏油情况。

(2)检查吊钩、钢丝绳及防脱装置是否正常。

(3)检查各部件结合和连接处的变形、裂纹和磨损(特别是标准节连接用的高强度螺栓的裂纹和松动情况),目测钢结构锈蚀情况。

(4)检查销轴定位情况和开口销固定情况。

(5)检查力矩限制器和重量限制器是否正常工作。

(6)检查制动器磨损、制动衬垫减薄和调整等情况。

(7)检查电气、接地、基础及附着装置是否存在异常情况。

(8)做好检查和维护保养记录;发现问题,及时修复。

4)定期检修(一般每年或每次拆卸后安装前进行)

(1)月度检查的全部内容。

(2)核实标志、标牌、使用手册、保养记录和设备组件等情况。

(3)额定载荷状态下的功能测试及运转情况。

(4)检查钢结构的焊接裂缝、锈蚀和变形等情况。

(5)做好检查和维护保养记录;发现问题,及时修复。

5)大修的内容

塔式起重机使用1.5万小时后,应进行一次大修(在解体的状态下,由有资质的单位进行)。大修的主要内容如下:

(1)月度检查和定期检修的全部内容。

(2)起升机构和动臂变幅塔式起重机的变幅机构,应进行解体检查,用柴油清洗各齿轮、轴和箱体内部,更换制动闸瓦、弹簧和螺栓等紧固件。检查齿轮的磨损情况、箱体损坏和裂纹情况、轴承和密封磨损情况、卷筒和连接件的磨损情况等,发现问题应及时更换或修复。

(3)回转、变幅和行走机构,应将电动机与减速机分解,用柴油清洗齿轮和箱体内部,更换制动器、制动瓦和弹簧等易损件,齿轮和箱体若磨损严重,应及时更换。

(4)更换起升、变幅钢丝绳和绳卡,更换起升、变幅系统各处滑轮、挡绳杆、滚轮、轴和轴承。

(5)更换力矩、重量限制器的限位开关,更换传感器显示仪表、电缆和紧固螺钉等零部件,更换高度、幅度和回转限制器。

(6)检查各主要钢结构件的外观有无裂纹和严重变形(由有资质的单位进行表面探伤、检查裂纹)。

(7)检查塔顶、上支座、吊臂和拉杆、平衡臂和拉杆上的连接销孔和销轴有无严重变形,发现问题应及时修复或更换。

(8)高强螺栓拆装过 2 次以上的,应予更换。

(9)回转支承解体检查滚道和滚珠磨损情况,发现问题及时修理或更换(由专业厂家实施)。

(10)塔身、吊臂等主要构件主弦杆壁厚减少 10%时,应予报废;套架、平衡臂上的走台和栏杆锈蚀严重,应予报废。

(11)所有结构件应重新除锈油漆。

(12)检查液压顶升系统,发现问题及时更换泵阀、密封件(由专业厂家实施)。

(13)检查所有电气元器件,发现问题及时更换。

(14)大修完成后,应整机立塔,做性能测验,出具合格报告。

6)主要零部件的报废与更换

(1)钢丝绳出现交互捻钢丝绳大量断丝伴随严重磨损,靠近平衡滑轮的局部绳段的若干绳股有断丝(有时断丝被滑轮挡住),多股绳的龙状(乌龙形)畸变严重,钢丝绳安装时遭扭结以致产生局部磨损和钢丝松弛,绳径局部减小(外层绳股取代了已经散开的纤维绳芯引起),钢丝绳部分被压扁(局部被压裂造成绳股间不平衡加之断丝而引起),严重弯折,钢丝绳跳出滑轮绳槽并被楔住,等等情况,达到《起重机 钢丝绳 保养、维护、检验和报废》(GB/T 5972—2016)标准规定的报废条件时,应及时更换。

(2)吊钩禁止补焊,及时按规定要求报废。

(3)制动器零件及时按规定要求报废。

(4)卷筒和滑轮及时按规定要求报废。

(5)吊臂、塔身和塔顶等主要结构件的主弦杆弯曲变形超过 1‰时,应予报

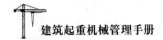

废,不得修复使用。

(6)吊臂、塔身、塔顶和上下支座等主要结构件的焊缝和热影响区部位出现疲劳裂纹时,应予报废,不得修复使用。

(7)各主要结构件的承载杆件(主弦杆、腹杆)和钢板锈蚀严重,壁厚减薄达到10%时,应予报废,不得修复使用。

(8)各处走台和栏杆锈蚀严重、壁厚减薄达到5%时,应予报废,不得修复使用。

(9)上支座、塔顶、吊臂和塔身等构件的承载销孔径向磨损(或变形)超过直径的3%时,应予报废,不得修复使用。

(10)各处开口销使用一次后,应予报废,不得重复使用。

(11)机械式力矩限制器、重量限制器中的限位开关和调整螺栓使用6个月左右,应予更换;控制电缆使用一年左右,应予更换。电子式力矩、重量限制器中的传感器使用2年左右,应予更换。显示仪表使用4年左右,应予更换。高度、幅度、回转限制器使用2年左右应予更换。

3.1.7.4 电气控制系统使用中的检查和维护

1)检查方法

诊断电气控制系统故障前,维修人员应熟悉电气原理图、了解电气元器件的结构和功能,然后进行故障排查和维护。以下是几种常用的故障检查方法。

(1)测量法:维修人员通过万用表,对设备的电压、回路通断等进行测量,判断设备的故障点。

(2)拆除法:将设备的某一回路(或某一机构)从控制回路中拆除或断开,判断该部分是否存在问题。

(3)短接法:设备出现故障时,试运行短接设备中的某些回路(如力矩限制器、热继电器等保护开关)。设备运转正常,则短接部位存在故障;反复短接,找到故障点。

(4)指示灯判断法:维修人员通过程控器上的输入输出动作指示灯的亮与灭,判断故障点在程控器的输入端还是输出端,缩小故障排查范围。

2)日常检查和维护

(1)每班检查和维护

①通过相位开关和电压表检查各相电压是否平衡,是否存在缺相和电压过低现象。

②检查操作手柄自动复位和零位锁是否有效,零位启动保护功能是否有效。

③检查电动机运行是否有异响。

④检查急停开关是否有效。

⑤检查上下支座处电缆是否有扭绞、破裂现象。

⑥检查操作手柄操作是否顺畅(有无卡阻),挡位是否清晰。

(2)每月检查和维护

①按每班检查和维护要求进行检查。

②检查电控箱内的电气元器件有无异响,接触器有无烧焦痕迹,变压器有无过热现象,发现问题,及时更换相应电气元器件。

③发现电缆、电线破损,应及时包扎或更换。

④接线端子、外部接线松动,应及时重新拧紧。

⑤检查电动机运行是否有异响和大的振动,电动机的运行温升是否正常。

⑥检查电动机和电缆的相间、对地绝缘是否符合要求。

⑦测量塔式起重机启动和运行时的电流、电压和电压降是否在合理的范围内。

⑧检查制动器是否正常、制动力矩是否足够。

(3)每年(或每次拆卸后)检查和维护

①按每月检查和维护要求进行检查。

②测量接地电阻是否满足要求(不大于4Ω)。

3)大修

(1)检查所有电气元器件,更换存在问题的电气元器件。

(2)检查线路与设计图纸的一致性,确保实物与图纸相符。

(3)整理电控箱的走线,确保美观整洁。

(4)测量电动机的三相电阻是否平衡,对地和相间绝缘是否满足要求。

(5)通电试验,确保控制回路的电气元器件动作与设计图纸相符合,逻辑控制准确。

(6)空载试验,确保各机构的动作准确,相应的电压和电流值在设计允许范围内。

(7)重载试验,确保制动器的制动力矩足够,相应的电压和电流值在合理范围内。

3.2　人货两用施工升降机的检查和维护

3.2.1　结构件的检查和维护

(1)运输过程中,应防止结构件变形和碰撞损坏。

(2)主要受力的结构件,应检查主弦杆管材的厚度、金属疲劳情况、焊缝裂纹、结构变形、破损等情况;检查关键焊缝和焊接热影响区的母材。发现异常,及时处理。

(3)每年喷刷油漆一次。油漆前,应除尽金属表面的锈斑、油污和其他污物。

(4)吊笼要检查各限位、各导向滚轮的完好情况,检查单、双开门开启是否灵活。吊笼结构在使用和转场运输中造成变形(图3.2-1、图3.2-2),应送有资质的厂家检验和修理;破损、锈蚀严重的,需更换处理。

图3.2-1 立柱变形、锈蚀　　　　　　图3.2-2 单开门变形

(5)基础围栏底架发生变形(图3.2-3)、材质断裂(或锈蚀穿孔)、围栏门开关不顺,应及时维修或更新。

图3.2-3 底架变形、开裂

(6)导轨架、附墙架等金属结构的变形、裂纹和破损严重的,应立即更换;标准节立管壁厚达不到规定要求的,应立即更换;标准节结构变形导致无法上下连接的,应立即报废,不得整修处理;标准节配重导轨变形,应更新处理;附墙架变形,应立即更新(图3.2-4、图3.2-5)。

图3.2-4 标准节锈蚀、立管变形

图3.2-5 附墙架变形

3.2.2 主要机构的检查和维护

1)定期换油

新出厂升降机的减速器使用一周后应更换润滑油(润滑油牌号应符合使用说明书的要求),以后应定期更换。

2)制动器维护

施工现场粉尘较多(石材切割、墙面粉刷、建筑垃圾清理等),会对升降机制动器的制动盘动作、制动性能造成影响,维护时应注意:

(1)应经常检查制动器的制动盘磨损情况,卸粉槽被基本磨平(图3.2-6)时,必须更换制动盘。

(2)保持制动器的护罩完好、有效。制动器的护罩应装好(除制动器维护外),以防止环境粉尘和雨水对制动器的侵害,影响制动性能。

(3)每天启用升降机时,应对制动器的制动性能进行一次验证。验证方法为:升降机从地面上升至离地2~3 m,制动停止;重复数次,每次都正常方可投入使用(对停用一段时间的升降机,重新使用时验证制动器犹为重要)。

(4)更换制动盘、对传动板进行解体大修,应进

图3.2-6 制动盘表面的卸粉槽

行制动性能测试(图 3.2-7)。测试内容:检查制动器动作响应是否正常、灵敏并进行制动力矩试验。制动器的制动性能与制动器动作的灵敏性有关，每天开机时、长时间停用后首次使用时,应在安全距离内来回启动升降机,使其制动力矩达到正常水平。

图 3.2-7　制动性能的测试

3)更换驱动机构

有对重的施工升降机更换整套驱动机构时,吊笼应降到最底部,然后用钢丝绳将对重牢牢固定。现场维护作业时,吊笼应下降到地面;无法降到地面时,空中的吊笼必须要有可靠的固定措施。

3.2.3　主要安全装置的检查和维护

1)防坠安全器(SC 型渐进式)

防坠安全器应在有效的检验期限内使用，有效检验期限不得超过 2 年;更换防坠安全器,必须在吊笼降到最低时进行。

(1)坠落试验

首次使用、转场后重新安装、正常运行 3 个月后的施工升降机,应进行额定荷载坠落试验(图 3.2-8),以确保施工升降机的使用安全。坠落试验一般程序如下:

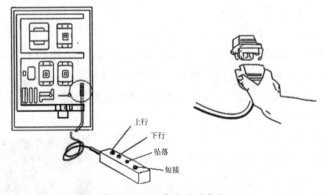

图 3.2-8　坠落试验的按钮

①加载额定载重量。
②切断总电源。
③插好坠落试验按钮盒的电缆插头。
④在吊笼电气控制箱附近固定按钮盒的电缆,按钮盒应设置在地面。
⑤撤离人员,关闭吊笼门和围栏门。

⑥合上主电源开关。

⑦按下按钮盒中的"上升"按钮,驱动吊笼离地 5~10 m。

⑧按下按钮盒中的"坠落"按钮(并保持按住),驱动吊笼下降。吊笼下降速度达到临界值时,防坠安全器应能动作、刹住吊笼,同时通过机电联锁装置切断电源。

⑨按住"短接"和"上行"按钮,使吊笼上升 0.4 m 左右。

⑩按住"短接"和"下行"按钮,使吊笼缓缓落至地面。

(2)复位操作

坠落试验后,防坠安全器应手工复位。防坠安全器在复位前,应检查电动机、制动器、蜗轮减速器、联轴器、吊笼滚轮、对重滚轮、驱动小齿轮、安全器齿轮、齿条、背轮和安全器的安全开关等零部件是否完好,连接是否牢固,安装位置是否符合规定,等等。防坠安全器未复位前,严禁继续操作升降机。

渐进式防坠安全器可以从外观构造上分,一种是后端只有后盖,另一种是后盖上有一个小罩盖。

①安全器 I (不带罩盖,图 3.2-9)的复位操作:

a.断开主电源。

b.旋出螺钉,拆下后盖,旋出螺钉。

c.用专用工具和扳手,旋出铜螺母直至弹簧销的端部和安全器外壳后端面平齐(安全器的安全开关已复位)。

d.安装螺钉。

e.接通主电源,驱动吊笼向上运行 300 mm 以上,使离心块复位。

f.用锤子通过铜棒,间接敲击安全器后螺杆。

g.装上后盖,旋紧螺钉。

h.若复位后,外锥体摩擦片未脱开,可用铜棒敲击安全器后螺杆,迫使其脱离,达到复位作用。

②安全器 II (带罩盖,图 3.2-10)的复位操作:

前 5 个步骤与安全器 I 复位操作相同。

f.装上后盖,旋紧螺钉,旋下罩盖,用手旋紧螺栓。

g.用扳手把螺栓再旋紧 30°左右,然后立即反向退至上一步的初始位置。

h.装上罩盖。

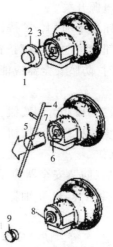

1.螺钉 2.后盖 3.螺钉 4.专用工具
5.扳手 6.铜螺母 7.弹簧销

图 3.2-9　安全器Ⅰ(不带罩盖)

1.螺钉 2.后盖 3.螺钉 4.专用工具
5.扳手 6.铜螺母 7.弹簧销 8.螺栓 9.罩盖

图 3.2-10　安全器Ⅱ(带罩盖)

2)对重防脱轨装置

施工升降机生产厂家大多采用在对重块的两端各安装一对大滚轮的形式,作为对重防脱轨装置(图 3.2-11(a)),在滚轮磨损、轴承损坏或轨道局部变形的情况下,滚轮失去导向作用,容易引起对重脱轨的情况(图 3.2-12)。近些年,为了提高安全性,许多厂家改用 16 个小滚轮加两对大滚轮的形式(图 3.2-11(b)和图 3.2-13),前后左右均限制了对重的运行,即使大滚轮全部脱落也能保证对重不脱离轨道。

(1)标准节上对重导轨角钢应无弯曲变形,导轨接头应无明显错位等缺陷。

(2)导轮无过度磨损、转动灵活,轴承内外圈无明显摆动现象。非密封式含油轴承应定期进行清洗换油。

(3)对重安装后,应把对重向一侧导轨推到底,查看滚轮轮缘和导轨间的安全重叠量。当滚轮与对重轨道重叠量小于 5 mm 时,应更换滚轮;更换后仍达不到重叠量的,应更换加大轮缘的滚轮。

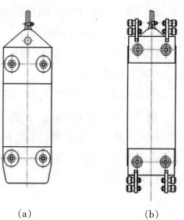

(a)　　　　　　　(b)

图 3.2-11　对重滚轮布置方式

图 3.2-12 右侧滚轮脱落

图 3.2-13 改进后的对重轮

3)超载检测装置

(1)使用中超载检测装置偏差超过 10%,应按使用说明书要求进行校准。

(2)安装超载检测装置传感器(轴销式)时,不得用铁榔头直接敲打,应在尾部垫方木或用木制榔头轻轻敲入。

(3)安装后传感器的实际受力方向应与其标识一致,并与压板垂直(误差±4)。

4)安全钩

(1)安全钩的部件不能任意代用,如要更换,应选用原厂制造。

(2)安全钩的安装螺栓必须为原设计大小、规格和强度等级。

(3)吊笼高度改变,安全钩的位置也应相应改变(最高一对安全钩,必须处在最低驱动齿轮以下)。

5)其他安全装置

详见 2.2.3 中的第 5 点。

6)智能预警系统

详见 2.2.3 中的第 6 点。

3.2.4 电气控制系统的检查和维护

3.2.4.1 常见电气故障及处理方法

常见电气故障及处理方法详见表 3.2-1。

表 3.2-1 常见电气故障及处理方法

序号	故障现象	故障原因	故障诊断与排除
1	总电源开关合闸即跳	电路内部损伤、短路或相线对地短接	找出电路内部损伤、短路或相线对地短接的位置,修复或更换
2	断路器跳闸	(1)电缆、限位开关损坏 (2)电路短路或对地短接	(1)更换损坏电缆、限位开关 (2)检查、修复
3	施工升降机突然停止或不能启动	(1)停机线路及限位开关被启动 (2)断路器启动	(1)释放"紧急按钮" (2)恢复热继电器功能 (3)恢复其他安全装置
4	启动后吊笼不运行	连锁电路开路(参见电气原理图)	(1)关闭门或"紧急按钮" (2)检查 220 V 连锁控制电路
5	电源正常,主接触器不吸合	(1)个别限位开关没复位 (2)相序接错 (3)元器件损坏或线路开路断路	(1)复位限位开关 (2)相序重新连接 (3)更换元器件或修复线路
6	电动机启动困难,并有异常响声	(1)电动机制动器未打开或无直流电压(整流元器件损坏) (2)严重超载 (3)供电电压远低于 380 V	(1)恢复制动器功能(调整工作间隙)或恢复直流电压(更换整流元器件) (2)减少吊笼载荷 (3)供电电压恢复至 380 V
7	运行时,上下限位开关失灵	(1)上下限位开关损坏 (2)上下限位碰块移位	(1)更换上下限位开关 (2)调整上下限位碰块位置
8	操作时,动作运行不稳	(1)线路接触不良或端子接线松动 (2)接触器粘连或恢复受阻	(1)恢复线路接触性能,紧固端子接线 (2)修复后更换接触器
9	吊笼停机后可重新启动,但随后再次停机	(1)控制装置(按钮、手柄)接触不良 (2)门限位开关与挡板错位	(1)修复后更换控制装置(按钮、手柄) (2)恢复门限位开关与挡板位置
10	吊笼上下运行时有自停现象	(1)上下限位开关接触不良或损坏 (2)严重超载 (3)控制装置接触不良或损坏	(1)恢复上下限位开关 (2)减少吊笼载荷 (3)修复后更换控制装置(按钮、手柄)
11	接触器易烧毁	供电电源压降太大,启动电流过大	(1)缩短供电电源与升降机的距离 (2)加大供电电缆截面

序号	故障现象	故障原因	故障诊断与排除
12	电动机过热	(1)制动器工作不同行 (2)长时间超载运行 (3)启、制动过于频繁 (4)供电电压过低	(1)调整或更换制动器 (2)减少吊笼载荷 (3)对运行做适当调整 (4)调整供电电压
13	不能总起	(1)接线错误 (2)安全保护装置不起作用 (3)变压器损坏 (4)操作手柄不在零位 (5)断路器跳闸 (6)急停按钮按下 (7)手柄零位开关损坏	(1)核对接线图 (2)检查安全保护装置,使其复位 (3)更换变压器 (4)将操作手柄归零 (5)检查断路器,重新合闸 (6)打开急停按钮 (7)更换开关
14	电动机有电,制动器不能开闸	(1)整流回路故障 (2)制动器线圈损坏 (3)制动器接触器线圈损坏	(1)更换整流二极管或整流桥 (2)更换制动器线圈 (3)更换制动器接触器
15	上升或下降时,按下"急停",电动机才能停止	(1)上升或下降接触器主触点粘连 (2)操作手柄微动开关不能复位	(1)更换接触器 (2)更换微动开关
16	电动机有电,制动器能打开,但吊笼不会动作	几个电动机的旋转方向不同	更换电动机接线,使所有电动机的旋转方向相同
17	控制回路动作正常、吊笼不动作或下滑	(1)电动机损坏 (2)电动机未接线	(1)更换电动机 (2)电动机接线
18	减速或吊笼下降时,变频器出现过电压故障	(1)减速时间太短 (2)制动单元损坏	(1)延长减速时间 (2)更换制动单元

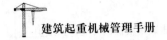

3.2.4.2　检查和维护(以齿轮齿条式施工升降机为例)

齿轮齿条式施工升降机电气控制系统组成和结构与塔式起重机基本相同,其检查和维护要点参见 3.1"塔式起重机检查和维护"相关内容。以下介绍齿轮齿条式施工升降机特有部分。

1)楼层呼叫器的检查和维护

(1) 检查要点

①检查楼层按钮是否有电源。

②检查楼层呼叫器是否供电。

③检查楼层按钮与呼叫器间是否有屏蔽物阻隔。

④检查是否有其他无线电信号干扰。

⑤检查楼层呼叫器是否损坏。

(2) 维护要点

①呼叫按钮模块要防止进水而烧坏。

②确保呼叫按钮与呼叫提示模块间无金属屏蔽物体(遮挡无线电传输信号)。

③确保楼层呼叫器的电源正常。

2)专用滑触线的检查和维护

(1) 检查要点

①检查三相电源是否平衡(判断滑触线是否断路或损坏)。

②检查滑触线的防水是否完好、滑触线内是否有存水现象。

③检查滑触线因外力而弯曲变形的情况。

④检查集电器碳刷磨损是否过大。

(2) 维护要点

①滑触线集电器的碳刷磨损超过正常值时,立即更换。

②滑触线与铝排接头锈蚀、松动,各固定件、集电器导向器松动,应及时拧紧或更换。

③滑触线发生弯曲变形,应及时矫正。

④定期清除滑触线上的积灰(用力不要过大,防止损坏滑触线)。

⑤定期检查集电器导向轮磨损状况(确保电刷在滑触线上下、左右的位置正确)。

3.2.5　基础的检查和维护

详见 2.2.6 相关内容。

3.2.6　安装拆卸时的检查和维护

3.2.6.1　导轨架和附墙装置安装时的检查和维护

1)导轨架安装时的检查和维护要点

(1)导轨架加高的同时,应安装附墙架。

(2)无对重的升降机,顶部导轨架的 4 根立柱管上口必须安装橡胶密封顶套。

(3)导轨架每加高 10 m 左右,应检查导轨架的整体垂直度,发现超差及时调整。

(4)导轨架安装时,上下导轨架立柱管对接处的错位阶差应满足规定要求。

(5)切勿漏装(或忘记拧紧)标准节与附墙架的连接螺栓。

(6)检查标准节立柱管的厚度(采用超声波测厚仪),当剩余的有效厚度小于出厂厚度的 75%时,标准节应报废或降规格(厚度)使用。

2)附墙架安装时的检查和维护要点

(1)附墙架应与导轨架的加高安装同步进行。

(2)附墙架安装时,应按下"紧急停机"按钮。

(3)附墙架位置尽可能保持水平,倾角不得超过使用说明书的规定值(允许最大倾角为±8°)。

(4)附墙架安装时,应及时调整导轨架的垂直度。

(5)经常检查附墙架螺栓是否紧固,墙体埋板处焊缝是否脱焊,发现异常及时处理。

(6)每周检查导轨架的垂直度,发现变化应及时查找原因并纠正。

(7)所有螺栓、螺母部位应加润滑油脂,防止生锈,方便拆卸。

3.2.6.2　吊笼和传动系统安装、拆卸时的检查和维护

1)吊笼安装时的检查和维护要点

(1)安装时,吊笼双门一侧应朝向建筑物。

(2)吊笼应缓缓放置于缓冲弹簧上,并用木块垫稳。

(3)吊笼吊装完毕,应安装好吊笼顶部的防护栏杆。

2)驱动装置安装时的检查和维护要点

(1)升降机的传动系统必须是两套独立的驱动机构,避免因断轴、脱齿而造成吊笼坠落事故。

(2)销轴式传感器不得用硬物直接敲打。

(3)传感器的方向必须正确,以免影响超载检测装置的效果。

(4)导向滚轮与导轨架立柱管的间隙应控制在 0.4~0.6 mm;所有传动齿轮与齿条的啮合情况应基本一致;沿齿高接触长度不少于 40%,沿齿长接触长度不少于 50%;防坠安全器齿轮、传动齿轮和背轮的中心平面应处于齿条厚度的中间位置。

3)吊笼和传动系统拆卸时的检查和维护要点

(1)拆卸时,必须将吊笼降到最底部(地面)作业。

(2)电动机制动器应完全放开(用手拨动制动盘能自由转动)。

(3)起吊传动装置和吊笼垂直向上缓缓吊起,发现卡阻现象及时查明原因并排除。

3.2.6.3 曳引机传动的人货两用升降机安装、拆卸时的检查和维护

(1)检查天梁上各滑轮座的固定是否良好,螺栓有无松动,支座有无移位,轴及轴承润滑是否良好,有无锈迹和磨损痕迹,滑轮槽磨损严重时应及时修理和更换。

(2)检查钢丝绳绳尾的固定是否良好,固定螺栓有无松动,管体有无裂纹和磨损,等等情况,必要时应紧固和更换。

(3)检查天梁有无变形,各紧固螺栓有无松脱现象,必要时应紧固。

(4)检查减速器有无异响、漏油或缺油现象,发现问题及时处理。

(5)检查停层装置是否与出料门联动可靠(出料门打开后,夹轨器滑板应向上将防坠器抱闸;出料门关闭后,停层机构应能完全脱离架体)。

(6)滑轮和弹簧应加注机油,开口销和螺栓等应加涂润滑脂。

(7)检查超载限制器松动、裂纹情况,发现问题及时修复。

(8)曳引机的中间曳引槽应与井架中心一致,曳引轮轴线应与井架平行;曳引机的固定应采用预埋螺栓并用压板可靠压紧,曳引机的机座应水平;连轴器中的橡皮圈有磨损,应及时更换;曳引绳磨损、断丝达到报废标准,应及时更换;各曳引绳张紧力超出5%时,应及时调整;曳引机安装完成,导轨、井架结构的连接螺栓应无松动、变形等现象。

(9)架体的底座应安装在地脚螺栓上并用双螺母固定,结构性能良好;杆件的节点和接头处的螺栓数量不少于2个,不得漏装或用其他紧固件代替;调整垂直度的钢垫片(一般控制在1~2张薄片)应与底座固定为一体;各层楼道进出料接口处(开口部位),应局部加强;导轨与架体的连接,应可靠、准确;架体各杆件应无变形,导轨应准直,连接应紧固,吊笼导向轮与导轨的间隙应控制在单边不大于1 mm。

(10)附墙架的预埋件位置、锚固方法应符合使用说明书的要求;附墙架与架体和建筑物之间应采用刚性连接,连接件应紧固,开口销的安装要正确,严禁焊接;附墙架的水平度、杆件长细比应达到规范和使用说明书的要求;附墙架的安装与拆卸,应与架体升高或降低同步进行。

(11)按规定设置避雷针和接地保护装置。

（12）确认各种安装跳板和拉绳等已拆除，连接螺栓已紧固，井架内无障碍，基础强度和底架固定符合规定，才能试机。

（13）拆卸后的杆件、连接螺栓、销轴等物件，应分类安放、检查、调直和保养。

3.2.7　使用中的检查和维护

3.2.7.1　整机检验

施工升降机安装完成后，应进行整机检验(表 3.2-2)，确保设备的良好性能和使用安全。

表 3.2-2　整机安装检验记录

检查项目	序号	检验内容和要求	记录	结论
资料检查	1	基础验收资料齐全		
	2	安装方案和技术交底规范、齐全		
	3	转场的升降机应有转场作业单		
标志	4	升降机的标牌、号牌应设置在规定位置		
	5	吊笼内应有安全操作规程，应设置限载和楼层标志，危险部位应有醒目的警示标志，操作按钮标识明显		
基础和围栏	6	应有排水设施，无积水		
	7	地面防护围栏安装可靠，应设置机电联锁装置		
	8	基础周围、对重升降通道周围应设置高于 1.8 m 的地面防护围栏		
	9	基础下方施工作业，应加设防止对重坠落伤人的安全防护措施		
金属结构件	10	外观无明显变形、脱焊、开裂和严重锈蚀		
	11	螺栓连接准确、紧固可靠，不得有松动现象		
	12	导轨架垂直度符合要求		
	13	立管接缝处错位节差小于 0.8 mm		
吊笼	14	有紧急逃离门并配专用扶梯，设安全开关，安全开关有效		
	15	吊笼顶部周围应有护栏，高度不低于 1.1 m		
层门	16	层门设置只能由司机启闭，吊笼门与层站边缘水平距离不大于 50 mm		
传动及导向	17	传动零部件的外露部分应有防护罩等防护装置		
	18	制动器制动性能良好，制动松闸功能齐全		
	19	相邻两齿条的对接处沿齿高方向的阶差应不大于 0.3 mm(沿齿长度方向不大于 0.6 mm)		
	20	齿条90%以上与计算宽度啮合，与齿轮的啮合侧隙为 0.2~0.5 mm		
	21	导向轮和背轮应润滑良好、导向灵活，无明显倾侧现象		

检查项目	序号	检验内容和要求	记录	结论
附着装置	22	应采用原厂制作,型式符合使用说明书要求		
	23	附着间距符合使用说明书或设计要求		
	24	自由端高度应符合使用说明书要求		
	25	与建筑物(构筑物)的连接应牢固可靠		
安全装置	26	吊笼安全器和安全钩、安全开关等安全装置动作正常、有效,安全器应在有效标定期内		
	27	有对重的升降机应可靠设置非自动复位型防松绳开关		
	28	安全钩设置应确保最高一对安全钩处于最低驱动齿轮以下		
	29	上限位的安装位置:上部安全距离不得小于 1.8 m		
	30	上限位和上极限开关之间的越程距离不小于 0.15 m		
	31	吊笼碰到缓冲器之前,下极限开关应首先动作		
	32	极限开关动作时须切断电源		
	33	吊笼应配备超载检测装置,超载检测数据在断电时应能保留		
电气系统	34	结构、电动机和电气设备金属外壳均应接地		
	35	电动机和电气元器件的对地绝缘电阻应不小于 0.5 MΩ,电气线路的对地绝缘电阻应不小于 1 MΩ		
	36	安装高度大于 120 m 并超过建筑物高度时,应安装空中障碍灯		
	37	电气元器件安装牢固,无松动、过热现象,线路排列整齐		
	38	吊笼应设有检修或拆装时使用的控制盒		
	39	对重压在缓冲器上吊笼不能提升(重复 3 次)		
	40	在便于操作位置,设置非自动复位型的急停开关		
	41	设置相序保护装置、通信联络装置和失压零位保护装置		
对重和钢丝绳	42	钢丝绳规格正确,无扭曲、压扁等缺陷		
	43	对重轨道节差小于 0.5 mm		
	44	钢丝绳采用可靠方法连接或固定,不得采用 U 型螺栓绳夹固定		
	45	当吊笼在完全压缩的缓冲器上时,对重上面的自由行程不得小于 0.5 m		
传动系统	46	传动系统的转动零部件应安装好防护罩		
	47	安装时,吊笼下面的导轮与标准节之间的间隙不大于 0.5 mm		
缓冲装置	48	缓冲装置齐全,无明显变形或破损		
导轨架的附着	49	导轨架的高度超过最大独立高度时,应设有附墙装置		
	50	附着装置之间的间距,应符合使用说明书要求		
空载试验	51	试运行中,吊笼应启动、制动正常,运行平稳,无异常现象		
额载试验	52	试运行中,吊笼应启动、制动正常,运行平稳,无异常现象,结构件无永久性变形(双笼施工升降机,应分别对两个吊笼进行试运行)		
验收结论				

验收签字		用户签章:
		
		  年 月 日
			安装组长签字:
			
			  年 月 日	

3.2.7.2　人货两用施工升降机常见故障及排除方法

人货两用施工升降机常见故障及排除方法详见表3.2-3。

表 3.2-3　人货两用施工升降机常见故障、原因分析及排除方法

序号	常见故障	原因分析	排除方法
1	吊笼运行时震动较大	(1)滚轮螺栓松动 (2)齿轮、齿条的啮合间隙过大 (3)导轮与齿条背的间隙过大 (4)齿轮、齿条啮合缺少润滑油	(1)紧固螺栓 (2)调整间隙 (3)加润滑油
2	吊笼启动或停止时有跳动现象	(1)制动器动力矩过大 (2)电动机与减速器间联轴器内弹性体损坏	(1)适当放松电动机尾端的调节套 (2)更换弹性体
3	吊笼运行时电动机跳动	(1)电动机的固定装置松动 (2)电动机的橡胶垫脱落 (3)减速机与传动板的连接螺栓松动	(1)紧固螺栓 (2)加装橡胶垫
4	吊笼运行时有跳动现象	(1)标准节立管对接阶差价过大 (2)小齿轮磨损 (3)标准节齿条螺栓松动,齿条对接阶差过大	(1)更换标准节或调整阶差 (2)更换全部小齿轮 (3)调整阶差,紧固螺栓
5	吊笼运行有摆动现象	(1)滚轮螺栓松动 (2)滚轮与标准节立管的间隙过大	(1)紧固螺栓 (2)调整间隙
6	吊笼启、制动时振动大	(1)电动机制动力矩过大 (2)齿轮齿条间隙、滚轮与标准节立管间隙过大	(1)适当放松电动机尾端的调节套 (2)调整间隙
7	制动器噪声大	(1)制动器止退轴承损坏 (2)转动盘摆动	(1)更换轴承 (2)调整或更换转动盘
8	制动片磨损过快	(1)制动盘磨损 (2)制动器止退轴承内积灰严重	(1)更换制动盘 (2)清理积灰

3.2.7.3　日常检查和维护

1)每天检查和维护

(1)检查电源电压,确保满载运行时电压波动范围在(380±19) V。

(2)检查底笼门上的安全开关和机电联锁装置。

(3)逐一进行开关安全试验,打开吊笼单开门,打开吊笼双开门,打开吊笼天窗盖,触动断绳保护开关,按下急停按钮时吊笼应不能启动。

(4)吊笼上升后,进料门不能打开。

(5)检查上下限位开关、极限开关及其碰铁是否可靠有效。

(6)吊笼和对重运行导轨无障碍物。

(7)检查齿轮齿条的啮合情况,确保接触长度、侧隙(图3.2-14)符合要求。

(8)电缆导向装置应正常。

（9）变频调速升降机启动前，检查电器箱风扇是否转动、电阻发热是否正常。

2）每周检查和维护

（1）检查安全器安装板和驱动机构各连接螺栓的紧固情况。

（2）检查各润滑部位的润滑情况。

（3）检查各导轮与导轨架立柱的位置与间隙（图3.2-15）。

（4）检查附墙架和标准节连接螺栓、齿条紧固螺栓等是否连接牢固。

（5）检查电缆导架和电缆防护环的螺栓是否松动或移位。

（6）检查天轮是否转动灵活，是否有异常声音，连接部位是否紧固。

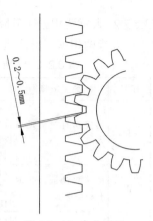

图 3.2-14 齿轮侧隙

（7）检查对重导向轮是否转动灵活。

（8）检查对重钢丝绳是否有扭曲、压扁等缺陷（断丝数应少于报废标准）。

（9）检查电动机和减速器有无异常发热和噪声，减速器是否漏油。

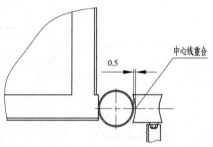

图 3.2-15 导轮间隙

（10）电缆线有破损或老化，应立即修理或更换。

（11）检查导轨架的垂直度，发现问题及时调整。

3）每月检查和维护

（1）对重钢丝绳应无扭曲、压扁等缺陷，断丝数应少于报废标准，绳端连接应牢固。

（2）结构件无明显变形、开裂。

（3）检查齿轮磨损情况（图3.2-16）。

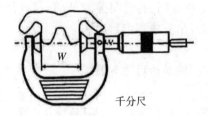

千分尺

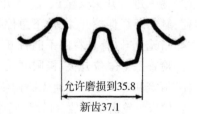

允许磨损到35.8

新齿37.1

图 3.2-16 小齿轮允许磨损量

(4)检查齿条磨损情况(图 3.2-17)。

(5)检查电动机制动力矩(图 3.2-18)。

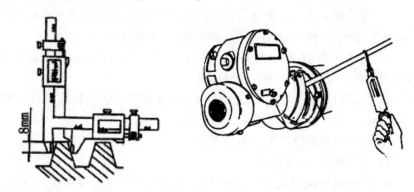

图 3.2-17　齿条的齿轮允许磨损量　　　图 3.2-18　电机制动力矩检查示意图

(6)检查各个滚轮、滑轮、导向轮的外形和内部轴承,发现问题及时调整和更换。

(7)检查电气设备外壳有无损坏,安装是否牢固,内部接头是否有松动现象。

(8)检查绝缘电阻、接地电阻是否满足要求。

(9)检查制动盘磨损情况(图 3.2-19),达到极限尺寸,应立即全部更换。

(10)检查安全器的可靠性(每 3 个月做坠落试验)。

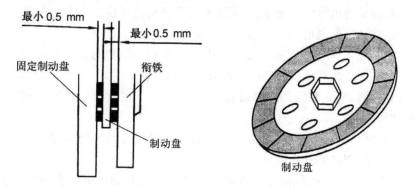

图 3.2-19　制动盘磨损极限示意图

4)每年检查和维护

(1)检查吊笼、标准节等钢结构件,不得有明显变形、脱焊和裂缝。

(2)标准节立管壁厚的减少量超过 25%,应降级使用或报废。

(3)减速器与电动机联轴器的弹性块老化、破损,应及时更换。

(4)检查蜗轮的磨损情况。

(5)对各零部件进行保养和更换。

5)定期检修(小修、中修、大修)

(1)升降机工作一定时间后,应对机械系统和电气系统进行小修(工作 1000 小时后)、中修(工作 4000 小时后)和大修(工作 8000 小时后)。

(2)每次小修、中修和大修时,应重点检查各结构件材料和焊缝的变形、锈蚀和裂纹等情况,发现问题应及时修复或更换。

(3)升降机每次中修、大修后,必须按首次安装验收的程序进行载重和坠落安全试验,并做好试验记录,归入设备档案。

3.2.7.4　电气控制系统使用中的检查和维护

1)检查和维护的基本程序

(1)诊断电气控制系统故障前,维修人员应熟悉电气原理图,了解电气元器件的结构与功能。

(2)确认吊笼处于停机状态(控制电路未断开)。

(3)确认防坠安全器微动开关、吊笼门开关、围栏门开关等的触头处于闭合状态。

(4)确认紧急停机按钮、停机开关和加节转换开关未按下。

(5)确认上下限位开关完好,动作无误。

(6)确认地面电源箱内主开关闭合、主接触器接通。

(7)确认输出电缆已通电,从配电箱至升降机电气控制箱电缆完好。

(8)确认吊笼内电气控制箱电源已接通。

(9)将电压表连接在零位端子与电气原理图上标明的端子之间,检查通电情况(分端子逐步测试,用排除法找到故障位置)。

(10)确认操纵按钮和控制装置发出的"上""下"指令(电压)已正确送到电气控制箱。

(11)试运行吊笼,确保上下运行主接触器的电磁线圈通电启动,确认制动接触器启动、制动器动作。

按上述程序查找存在的问题和故障,照明等其他辅助电路也可按上述程序进行故障检查。

2)日常检查和维护

(1)每班检查和维护

①检查各个门限位开关是否正常,保护停机功能是否正确。

②检查操作手柄自动复位和零位启动保护功能是否有效。

③检查急停开关是否有效。

④检查电缆运行是否通畅(电缆是否与外部脚手架勾紧)。

⑤检查上下限位是否正常。

⑥检查操作手柄操作是否顺畅(有无卡阻)、挡位是否清晰。

(2)每月检查和维护

①按每班检查和维护要求进行检查。

②检查电气控制箱内的电气元器件有无异响,接触器有无烧焦痕迹,变压器有无过烫现象,发现问题及时更换相应电气元器件。

③电缆、电线破损,及时包扎或更换。

④接线端子、外部接线松动,重新拧紧。

⑤检查电动机运行是否有异响和大的振动,电动机的运行温升是否正常。

⑥检查电动机和电缆的相间、对地绝缘是否符合要求。

⑦测量塔式起重机启动和运行时的电流、电压和电压降是否在合理范围内。

⑧检查制动器是否正常,制动力矩是否足够。

(3)每年(或每次拆卸后)检查和维护

①按每月检查和维护要求进行检查。

②测量接地电阻是否满足要求(不大于 4 Ω)。

3)大修

(1)检查所有电气元器件,更换存在问题的电气元器件。

(2)检查线路与设计图纸的一致性,确保实物与图纸相符。

(3)整理电控箱的走线,确保美观整洁。

(4)检测电动机的三相电阻是否平衡,对地和相间绝缘是否满足要求。

(5)检测电动机制动器的制动力矩是否足够。

(6)通电试验,确保控制回路的电气元器件动作与设计图纸相符,逻辑控制准确。

3.3　货用施工升降机的检查和维护

货用施工升降机的检查和维护与人货两用施工升降机的检查和维护基本相同,其检查和维护要点参见 3.2"人货两用施工升降机的检查和维护"相关内容。以下介绍货用施工升降机特有部分。

3.3.1 货用施工升降机常见故障及排除方法

货用施工升降机常见故障及排除方法详见表 3.3-1。

表 3.3-1 货用施工升降机常见故障、原因分析及排除方法

序号	常见故障	原因分析	排除方法
1	总电源合闸即跳	电路内部损伤、短路或相线接地	逐段查找线路问题
2	操作按钮置于上、下运行位置,但交流接触器不动作	(1)限位开关未复位 (2)操作按钮线路断路	(1)检查限位开关 (2)检查操作按钮线路
3	电机启动困难并有异响	(1)制动器未调到位或线圈损坏,制动器未打开 (2)严重超载 (3)电动机缺相	(1)检查制动器及制动电气线路,并修复 (2)检查是否超载 (3)检查三相电机电源
4	上下限位开关不起作用	(1)上下限位器损坏 (2)接触器触电粘连	(1)检查限位开关 (2)更换接触器
5	吊笼不能下降	断绳保护装置误动作	检查断绳保护装置
6	制动器失效	(1)制动器各部件调整有偏差 (2)制动片磨损严重 (3)电气线路损坏	(1)调整制动器间隙 (2)更换制动块 (3)检查电气线路
7	曳引轮与曳引钢丝绳打滑	(1)4根曳引钢丝绳松紧不一致 (2)对重重量不足 (3)曳引轮磨损,曳引钢丝绳油脂过多	(1)调整曳引钢丝绳松紧 (2)检查对重重量 (3)更换曳引轮
8	减速机有不正常噪音	(1)润滑油不足 (2)齿轮、轴承磨损	(1)增加润滑油 (2)更换齿轮、轴承
9	吊笼停靠时有下滑现象	(1)制动器间隙没调整到位 (2)制动器摩擦片、制动轮沾染油污	(1)调整间隙 (2)更换制动块
10	吊笼运行时有抖动现象	(1)导轨上有杂物 (2)导向滚轮(导靴)和导轨间隙过大	(1)清理导轨 (2)调整间隙、加油
11	电机及轴承过热	(1)超负荷工作,电机定子线圈接地短路、电机反接 (2)电源电压过高(或过低) (3)轴承缺油、不清洁,轴承间隙过大、磨损严重	(1)检查电机接线及电气线路 (2)检查电源电压 (3)加油或更换轴承

3.3.2 日常检查和维护

1)每日检查和维护

(1)检查曳引钢丝绳松紧是否相同,各钢丝绳有无损伤,发现问题及时更换(卷扬机驱动,还应检查钢丝绳的排列是否整齐)。

(2)检查各传动部件的润滑情况。

(3)检查各缓冲弹簧是否正常。

(4)检查自救联动系统是否良好,各绞点开口销是否齐全,防坠夹轨器的滑板重块上下移动是否灵活正确。

(5)接通电源,检查超载限制器的指示是否正常。

(6)逐一检查下列安全限位开关工作是否正常、可靠:围栏入口安全门开关,吊笼进、出料门和顶门开关。

(7)检查吊笼运行通道上有无障碍物。

(8)吊笼空车上下运行,检查上下行程限位和极限限位是否可靠:曳引机声音是否正常、均匀,吊笼运行声音是否正常、均匀,吊笼经过各导轨接头时,有无抖动和异响。

2)每周检查和维护

(1)检查导轨架导轨和吊笼的4只滚轮轴的润滑是否正常,螺钉松动的应紧固。

(2)曳引钢丝绳磨损超标时应及时更换。

(3)检查吊笼门导轨、围栏门导轨的润滑情况。

(4)检查吊笼门柱、围栏门柱上的钢丝绳滑轮是否良好。

(5)检查门对重导轨的固定和润滑情况。

(6)检查吊笼顶各固定螺栓有无锈蚀,固定是否良好。

(7)检查应急自救装置的各支点固定是否良好,滑板上有无锈蚀。

(8)检查曳引机减速箱内的油面高度,不足时添加机油。

3)每月检查和维护

(1)检查导轨架天梁顶上各滑轮座的固定是否良好,螺栓有无松动和移位,轴及轴承润滑是否良好、有无锈蚀和磨损痕迹。

(2)检查各钢丝绳绳尾绳头的固定是否良好,吊笼和对重上的每根钢丝绳的4个夹头位置是否正常,钢丝绳弯折处是否良好。

(3)检查天梁有无变形,各紧固螺栓有无松脱现象。

(4)检查导轨架各固定螺栓有无松动和锈迹。

(5)曳引钢丝绳磨损、断丝等情况达到报废标准时,应立即更换。

(6)曳引轮的曳引槽磨损严重,应立即更换。

(7)检查附墙架、导轨架的垂直度。

(8)超载限制器应准确有效。

(9)吊笼导向轮与导轨的间隙过大时,应及时更换。

(10)检查曳引机(或卷扬机)各处固定有无松动、基础是否牢固。

(11)检查电控箱内的电气接线情况。

(12)检查安全器的可靠性(每 3 个月做坠落试验)。

4)每年检查和维护

(1)检查滑轮组各绳槽的形状和深度是否正常。

(2)减速器的齿轮磨损或轴承损坏应及时更换,无异常情况应清洗、换油。

(3)检查各安全装置是否良好、正常。

5)定期检修(小修、中修、大修)

升降机工作一定时间后,应对机械系统和电气系统进行小修(工作 1000 小时后)、中修(工作 3000 小时后)和大修(工作 6000 小时后)。

第4章　建筑起重机械安全管理

4.1　建筑起重机械安全管理的主要内容

4.1.1　塔式起重机的现场管理

4.1.1.1　进退场管理

1)塔式起重机的选址与选型

前期编制塔式起重机安装拆卸专项施工方案时,应该充分考虑:塔式起重机引进平台的朝向、安装拆卸时辅助机械设备的停靠位置和吨位的选择等因素。

(1)塔式起重机选址,应以起重臂不覆盖到围墙外的道路、学校和商业区等区域为宜。

(2)施工场地狭小又处于市区的施工现场,应选用上回转、大力矩动臂式塔式起重机。

(3)用于料场作业或运作频率较高的塔式起重机,应选用额定力矩较大、使用年份较短的塔式起重机。

2)基础检查复核

(1)检查基础位置、尺寸和标高是否符合设计要求。

(2)检查隐蔽工程验收记录和混凝土强度报告等技术资料是否符合要求。

(3)检查辅助设备的基础、预埋件等是否符合要求。

(4)检查基础排水措施是否通畅。

3)设备进退场

(1)使用单位(项目部),应对进退场设备的数量、型号、生产厂家、出厂日期和出厂编号等进行审核检查。

(2)严禁安装、使用未经备案审批的建筑起重机械和辅助机械设备,严禁安装、使用非原厂制造的标准节和附墙件等承力结构部件。

4.1.1.2　安装拆卸单位资质管理

安装拆卸单位应具有相应的资质和安全生产许可证,并在其资质等级许可范围内承揽业务。

4.1.1.3　特种作业人员管理

(1)塔式起重机的专职司机、起重信号工和司索工,应持证上岗。

(2)施工升降机的专职司机,应持证上岗。

(3)使用单位(项目部),应对进入现场进行安装拆卸的特种作业人员和"三类人员"的证书进行有效性和真实性核对,严禁无证上岗和"套证"。

(4)应根据相关规定做好特种作业人员的技术交底与安全教育,资料存档备查。

(5)作业人员必须佩戴安全帽、防滑鞋和安全带等防护用品。

4.1.1.4 结构件、安全装置和辅助机械等检查

1)预埋节的沉降观测

(1)设备安装前,使用单位(项目部)应对设置预埋节的基础进行沉降观测和记录,并将观测记录数据告知安装单位。

(2)预埋节主弦杆上端面露出混凝土基础上平面的尺寸,必须满足使用说明书的要求。不能满足的,应向原生产厂家定制。

(3)预埋节应由塔式起重机生产厂家生产(厂家应出具关于该预埋节的合格证)。

2)吊具检查

安装拆卸所用的钢丝绳、卡环、吊钩和辅助支架等起重机具,应符合相关规定并经检查合格后方可使用。

3)顶升和附墙检查

(1)塔式起重机加节后需进行附墙附着的,应按照先附墙、后顶升的顺序进行。

(2)附墙位置和支撑点的强度,应符合使用说明书的要求。

4)安全装置检查

(1)建筑起重机械的变幅限位器、力矩限制器、起重量限制器、防坠安全器、钢丝绳防脱装置、防脱钩装置,以及各种行程限位开关等安全保护装置,应齐全可靠,不得随意拆除。

(2)限制器和限位装置,严禁代替操纵机构使用。

5)安全监控系统管理

(1)浙江省住房和城乡建设厅《关于进一步加强建筑施工领域企业安全生产工作的实施意见》(浙建建〔2011〕6号)文件规定:2011年7月1日始,建设工程新安装塔式起重机必须有安全监控管理系统。

(2)安全监控管理系统应当具有超载报警、限位报警、风速报警和超载控制等功能。

6)辅助机械检查

(1)使用单位(项目部)应根据专项施工方案和备案资料,对辅助机械的型号、吨位、检测报告,操作人员的有效证件和停靠位置等进行检查。

(2)对辅助机械的机械性能进行检查,合格后方可使用。

4.1.1.5 现场安全管理

1)设置警戒区并统一指挥

(1)安装拆卸作业区域必须设置警戒区,无关人员严禁进入。

(2)安装拆卸作业应统一指挥,责任明确,并采取必要的安全防护措施。

2)现场动态管理

建筑起重机械安装拆卸过程中,安装拆卸单位现场负责人必须在现场带班作业,使用单位(项目部)机械设备管理人员和项目安全员必须到场监督旁站,切实加强动态管理与控制。

3)月度检查

(1)严格执行"一月两检"制度,杜绝流于形式。

(2)检修人员应做好"一月两检"记录,使用单位(项目部)应做好监督和资料存档工作。

4)停机检查

(1)风速达到 9.0 m/s 以上或大雨、大雪和大雾等恶劣天气时,应提前做好降节、降塔等安全保护措施,严禁在恶劣天气下进行安装拆卸作业。

(2)特殊情况下安装(拆卸)作业不能连续进行时,应采取相应的措施确保已安装(拆卸)的部件固定牢靠。经检查确认无隐患后,才能停止作业。

4.1.2 资料管理

4.1.2.1 综合台账资料

1)安装拆卸专项施工方案

(1)建筑起重机械安装拆卸应由具有相应资质的专业单位实施。安装前,专业安装单位应编制起重机械安装拆卸专项施工方案,单位技术负责人签字后交总承包单位、监理单位审批。

(2)建筑起重机械附墙装置的安装、顶升(加节)工作,应由原安装单位实施;附着水平距离、附着间距不能满足使用说明书要求时,应重新设计计算,绘制附着装置安装图,编写相关说明并履行审批手续。

2)基础工程资料

(1)基础应按使用说明书的要求制作。

(2)使用单位应向安装单位提供经企业技术部门审核的基础工程资料(附简图)。基础施工时的隐蔽工程验收,应由监理工程师旁站监督。

3)生产安全事故应急救援预案

(1)安装单位,应制订《建筑起重机械安装、拆卸工程生产安全事故应急救援预案》,内容包括:概况、编制目的、危险源分析、组织机构及职责、预防与预警、应急处置、安装(拆卸)事故应急救援预案等。

(2)使用单位,应制订《建筑起重机械生产安全事故应急预案》,内容包括:概况、编制目的、危险源分析、组织机构及职责、预防与预警、应急处置、生产安全事故应急救援预案等。

4)产权备案表

(1)出租单位首次出租前、自购使用单位首次安装前,应持特种设备制造许可证、产品合格证和制造监督检验证明到当地建设行政主管部门办理产权备案(表4.1-1)。未经备案登记的建筑起重机械,不得投入使用。

(2)应提交的资料:产权单位法人营业执照副本、特种设备制造许可证、产品合格证、制造监督检验证明、购销合同和发票、备案管理部门规定的其他资料。

(3)如有变更,应重新办理备案。

表 4.1-1 建筑起重机械产权备案表

设备产权单位				
单位地址				
企业法人代表		电话		技术负责人
起重机械名称及型号				
制造单位			出厂日期	
企业设备自编号		联系人		电话
设备购置时间		设备备案申报时间		
设备备案机关意见			设备备案机关(盖章) 年　　月　　日	
设备备案编号				

备注:

1.本表一式二份,一份交备案管理部门,另一份产权设备单位自留。

2.提交的所有资料复印件应加盖产权单位公章。

3.如有变更,应重新办理备案。

5)安装(拆卸)告知表

(1)使用单位在建筑起重机械安装(拆卸)前 2 个工作日内,应书面告知工程所在地建设行政主管部门,同时提交经监理单位审核合格的有关资料。

(2)应提交的资料:产权备案表,安装(拆卸)单位资质证书和安全生产许可证副本,安装(拆卸)单位特种作业人员名单和上岗证复印件,专项施工方案,安装(拆卸)合同,以及与施工总承包单位签订的安全责任书,安装(拆卸)单位专职安全管理人员和技术人员名单,生产安全事故应急救援预案,施工总承包单位和监理单位以及登记管理部门规定的其他资料。

(3)安装(拆卸)告知表详见表 4.1-2。

表 4.1-2　建筑起重机械设备安装(拆卸)告知表

安装(拆卸)单位(章):　　　　　　联系人:　　　　　　联系电话:

设备名称			规格型号	
工程名称			项目经理	
工程地址			联系电话	
设备备案编号				
施工总承包单位			监理单位	
安装(拆卸)单位			资质证书编号	
			安全生产许可证编号	
安装(拆卸)方案		□有　　□没有		
首次安装高度			最终使用高度	
安装(拆卸)时间		年　　月　　日		
特种作业人员名单				
姓名	工种		证书编号	备注
安装(拆卸)单位意见: 　　　　　　安装(拆卸)单位(章): 　　　　　　　　　年　　月　　日				
监理单位意见: 　　　　　　监理单位(章): 　　　　　　　　　年　　月　　日				
总承包单位意见: 　　　　　　总承包单位(章): 　　　　　　　　　年　　月　　日				
建设行政主管部门意见: 　　　　　　建设行政主管部门(章): 　　　　　　　　　年　　月　　日				

6)建筑起重机械使用登记表

(1)建筑起重机械安装验收合格之日起30日内,使用单位应向当地建设行政主管部门报送安装验收资料、安全管理制度、特种作业人员名单和上岗证复印件等,办理建筑起重机械使用登记(表4.1-3)。

(2)应提交的资料:产权备案表,安装(拆卸)告知书,租赁合同,检验检测报告,安装验收资料,使用单位特种作业人员名单和上岗证复印件,生产安全事故应急救援预案以及登记管理部门规定的其他资料。

表 4.1-3 建筑起重机械使用登记表

使用单位(章):　　　　　联系人:　　　　　联系电话:

设备名称			制造许可证编号	
规格型号 (含起最大重量)			出厂编号	
制造厂家			产权单位	
设备备案编号			安装高度	
是否已进行安装告知				
安装单位			资质证书编号	
			安全生产许可证编号	
安装日期		验收日期		验收意见	
工程名称			工程地点	
项目经理			联系电话	
检测单位			检测日期	检测意见
特种作业人员名单				
姓名	工种	资格证编号	备注	

安装单位意见:

安装单位(章):
年　　月　　日

监理单位意见:

监理单位(章):
年　　月　　日

总承包单位意见:

总承包单位(章):
年　　月　　日

使用单位意见:

使用单位(章):
年　　月　　日

登记管理部门意见:

登记管理部门(章):
年　　月　　日

4.1.2.2 塔式起重机台账资料

1)安装自检表

塔机安装完成后,安装单位应自检和试运行,填写安装自检表(表 4.1-4),然后向使用单位出具自检合格证明和安全使用说明书。

表 4.1-4　塔式起重机安装自检表

设备型号			出厂编号			
生产厂家			出厂日期			
工程名称			安装单位			
工程地址			安装日期			
名称	序号	检查项目	要求		检查结果	备注
资料	1	基础验收表、隐蔽工程验收	齐全			
	2	安装方案、安全技术交底	齐全			
	3	转场保养作业单	齐全			
基础检查项	1	地基允许承载力(kN/㎡)				
	2	基坑围护形式				
	3	塔机距基坑边距离(m)				
	4	基础下管线、障碍物或不良地质情况				
	5	排水措施(有、无)				
	6	基础位置、尺寸和标高				
	7	塔机底架的水平度				
	8	行走式塔机导轨的水平度				
	9	塔机接地装置的设置				
	10	其他				
标识与环境	1	编号牌和产品标牌	按规定设置			
	2*	塔机与周围环境关系	尾部与建筑物间的距离不小于 0.6 m			
			两台塔机之间的最小架设距离应符合规定要求			
			与架空高压输电线的距离应符合规定要求			

名称	序号	检查项目		要求	检查结果	备注
结构件	3 *	结构件外观		无明显变形、可见裂纹和严重锈蚀		
	4	螺栓连接		规格、预紧力达到使用说明书要求		
	5	销轴连接		可靠		
	6	过道、栏杆、踏板等		符合规定要求		
	7	梯子、护圈、休息平台		符合规定要求		
	8	附着装置		符合方案规定		
	9	附着杆		无明显变形，焊缝无裂纹		
	10	空载状态	独立状态塔身	垂直度不大于 4/1000		
	11		附着状态下最高附着点以下塔身	垂直度不大于 2/1000		
顶升机构	12 *	平衡阀(或液压锁)与油缸连接		硬管连接		
安全装置	13	爬升装置防脱功能		灵敏可靠		
	14	回转限位器		灵敏可靠		
	15 *	起重力矩限制器		灵敏可靠		
	16 *	起升高度限位		灵敏可靠		
	17	起重量限制器		灵敏可靠		
	18	强迫换速		灵敏可靠		
	19	行程限位器		灵敏可靠		
	20	幅度限位器		灵敏可靠		
	21	防风装置		灵敏可靠		
	22	缓冲器和端部止挡		配合良好、固定牢固		
	23	小车断绳保护装置		双向设置		
	24	小车断轴绳保护装置		灵敏可靠		
	25	小车变幅检修挂篮		连接可靠		
	26	小车变幅限位和终端止挡装置		可靠设置		
	27	动臂式变幅限位和防臂架后翻装置		可靠设置		

名称	序号	检查项目	要求	检查结果	备注
机构及零部件	28	吊钩	磨损未达报废标准,保险装置可靠		
	29	吊钩钢丝绳防脱装置	完整可靠		
	30	滑轮	转动良好		
	31	滑轮上的钢丝绳防脱装置	完整可靠		
	32	卷筒	符合规定要求		
	33	卷筒上的钢丝绳防脱装置	排列有序,防脱槽装置完整可靠		
	34	钢丝绳完好度	符合规定要求		
	35	钢丝绳端部固定	符合规定要求		
	36	钢丝绳穿绕方式、润滑与干涉	准确可靠		
	37	制动器	平稳可靠		
	38	传动装置	运行平稳		
	39	活动零部件外露部分	防护罩齐全		
电器及保护	40 *	紧急断电开关	符合规定要求		
	41 *	绝缘电阻	符合规定要求		
	42	接地电阻	符合规定要求		
	43	塔机专用开关箱	单独设置,警示标志齐全		
	44	声响信号器	符合规定要求		
	45	保护零线	符合规定要求		
	46	电源电缆	无破损、老化和磨损		
	47	障碍指示灯	符合规定要求		
行走式轨道	48	排障清轨板	符合规定要求		
	49	钢轨接头位置及误差	符合规定要求		
	50	轨距误差及轨距拉杆设置	符合规定要求		
司机室	51	标牌、显示屏	齐全		
	52	门窗、灭火器、雨刷等	齐全		
	53 *	司机室	符合规定要求		
其他	54	平衡重、压重	准确可靠		
	55	风速仪	按规定要求设置		
检查结果	保证项目 不合格项数		一般项目 不合格项数		
	资料检查情况		检查结论		
				安装单位(章): 年 月 日	
检查人员			检查日期	年 月 日	

备注:

　　1.表中序号打 * 的为保证项目,其他为一般项目。

　　2.检查结果不符合要求的项目,应在备注栏做具体说明。

　　3.要求量化的参数,应填写实测值。

2)安装验收表

(1)塔机安装完成后,应委托具有相应资质的检验检测机构检测并出具检验合格报告。

(2)塔机检验合格后,使用单位应组织相关人员对照《塔式起重机安装验收表》(表4.1-5)的要求,对验收项目逐项检查。

(3)使用单位项目技术负责人和专职安全员、安装单位技术负责人和项目负责人、监理单位项目负责人和产权单位负责人,必须参加验收。验收后,必须明确填写结论意见(要求量化的参数应填实实测值)并签字盖章(验收单位章)。

(4)使用过程中需要附着的,使用单位应委托原安装单位或具有相应资质的单位实施并组织验收。未经验收(或验收不合格),不得使用。

表 4.1-5　塔式起重机安装验收表

安装单位					安装日期		
工程名称							
塔式起重机	型号		设备编号			起升高度(m)	
	幅度(m)		最大起重力矩(kN·m)		最大起重量(t)		塔高(m)
与建筑物水平附着距离(m)			各道附着间距(m)			附着道数	
验收部位	技术要求					结果	
结构件	部件和附件、连接件齐全,位置正确						
	螺栓拧紧力矩达到规定要求						
	结构件无变形、可见裂纹和严重锈蚀						
	压重、配重符合使用说明书要求						
基础与轨道	基础资料齐全						
	基础排水措施通畅						
	路基箱(或枕木)铺设符合规定要求						
	钢轨顶面倾斜度不大于1/1000						
	塔机底架水平度符合使用说明书要求						
	止挡装置距钢轨两端距离符合要求						
	行走限位装置距止挡装置距离符合要求						
	轨接头间距、接头高低差符合要求						
机构及零部件	钢丝绳缠绕、润滑符合要求						
	钢丝绳规格、断丝和磨损值符合要求						
	钢丝绳固定和编插符合规定要求						
	各部位滑轮转动灵活、可靠,无卡阻现象						
	吊钩磨损值符合要求、保险装置可靠						
	各机构无异常声响						
	润滑良好						
	制动器灵敏可靠,联轴节连接良好、无异常						

验收部位	技 术 要 求	结果
附着锚固	锚固框架安装位置符合规定要求	
	塔身与锚固框架固定牢靠	
	各部位螺栓和销轴齐全可靠	
	零配件齐全可靠	
	垂直度不大于2/1000	
	独立状态塔身轴心线与支承面垂直度不大于4/1000	
	附着点以上塔机悬臂高度不得大于规定要求	
电气系统	电源正常、电压稳定	
	仪表、照明、报警系统安全可靠	
	控制、操纵装置动作可靠	
	短路和过电流、失压及零位保护按要求设置	
	绝缘电阻符合要求	
安全限位与保险装置	起重量限制器有效、可靠	
	力矩限制器有效、可靠	
	回转限位器有效、可靠	
	行走限位器有效、可靠	
	变幅限位器有效、可靠	
	超高限位器有效、可靠	
	顶升横梁防脱装置安全可靠	
	吊钩上的钢丝绳防脱装置安全可靠	
	滑轮、卷筒上的钢丝绳防脱装置安全可靠	
	小车断绳保护装置有效、可靠	
	小车断轴保护装置有效、可靠	
环境	位置合理,符合施工方案要求	
	与架空高压输电线最小距离符合规定要求	
	塔机尾部与建筑物之间的安全距离符合要求	
其他		

产权单位意见：ㅤㅤㅤㅤㅤㅤㅤㅤㅤ签章：ㅤㅤㅤ日期：	安装单位意见：ㅤㅤㅤㅤㅤㅤㅤㅤㅤ签章：ㅤㅤㅤ日期：
使用单位意见：ㅤㅤㅤㅤㅤㅤㅤㅤㅤ签章：ㅤㅤㅤ日期：	监理单位意见：ㅤㅤㅤㅤㅤㅤㅤㅤㅤ签章：ㅤㅤㅤ日期：

总承包单位验收意见：

ㅤㅤㅤㅤㅤㅤㅤㅤㅤㅤ签章：ㅤㅤㅤ日期：

3)安全监控系统安装验收表

(1)塔式起重机检验合格、使用前,使用单位应组织有关人员对《塔式起重机安全监控系统安装验收表》(表4.1-6)的验收项目逐项检查。

(2)安全监控系统和塔式起重机的安装单位、产权单位、使用单位、总承包单位、监理单位的项目负责人,必须参加验收。验收后,必须明确填写结论意见(要求量化的参数应填实实测值)并签字盖章(验收单位章)。未经验收(或验收不合格),不得使用。

表 4.1-6 塔式起重机安全监控系统安装验收表

工程名称		施工单位	
安装单位		监理单位	
产权编号		安全监控系统编号	
系统安装时间		系统验收时间	
验收内容		验收结果	
风速报警装置			
超载报警装置			
限位报警装置			
区域碰撞装置			
控制功能			
实时数据显示			
历史数据记录			
系统安装单位意见: (盖章) 年　月　日		塔机安装单位意见: (盖章) 年　月　日	
产权单位意见: (盖章) 年　月　日		使用单位意见: (盖章) 年　月　日	
总承包单位意见: (盖章) 年　月　日		监理单位意见: (盖章) 年　月　日	

4)塔式起重机顶升(加节)验收表

(1)塔机需要顶升(加节)的,使用单位应委托原安装单位或具有相应资质的单位实施。

(2)顶升(加节)完成后,使用单位应组织有关人员对《塔式起重机顶升(加节)验收表》(表 4.1-7)的验收项目逐项检查。验收后,必须明确填写结论意见(要求量化的参数应填实实测值)并签字盖章(验收单位章)。

表 4.1-7 塔式起重机顶升(加节)验收表

工程名称		设备型号		备案登记号	
使用单位		附着道数		本次附着与下一道附着距离	
安装单位		原高度		顶升后高度	
项目	检查内容			检查结果	
顶升前检查	检查零部件是否齐全				
	检查附墙框、附墙杆是否有变形、可见裂纹和严重锈蚀				
	检查附墙框、附墙杆长度和结构形式是否符合要求				
	检查独立状态或附着状态下塔机垂直度偏差				
	检查附着点布置和强度是否符合要求				
	检查顶升装置各防脱功能是否安全可靠				
	检查爬爪、爬爪座和顶升支承梁是否变形、裂纹和开焊				
	检查电缆线预留长度是否足够、液压系统是否有漏油现象				
顶升后检查	检查附墙框架、附墙杆安装是否符合规定要求				
	检查各部位螺栓、销轴是否连接牢靠				
	检查附墙杆与附墙框架是否呈水平状态				
	检查附着点以上塔机自由高度是否符合规定要求				
	检查各部位限位器是否是否灵敏可靠				
	检查塔身附着后的垂直度				
验收结论:					
验收人员(签字):					
安装单位(章): 年 月 日		使用单位(章): 年 月 日		监理单位(章): 年 月 日	

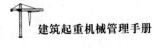
5)每日使用前检查表

塔式起重机每日作业前,当班司机应对相关零部件和有关设施进行检查,如实填写检查记录(表4.1-8)并签名。发现问题应及时上报项目部,整改符合要求后方可使用。

表4.1-8 塔式起重机每日使用前检查表

工程名称		使用单位	
设备型号		备案登记号	
安装单位		检查日期	年 月 日
检查结果代号说明	√=合格 ○=整改后合格 ×=不合格 无=无此项		

序号	检查项目	检查结果	备注
1	基础周边无积水,接地装置可靠		
2	预埋螺杆、地下节螺栓紧固无松动		
3	主要结构件无明显变形、可见裂纹和严重锈蚀		
4	标准节连接螺栓紧固、连接销轴正常		
5	吊钩无裂纹、严重磨损,防钢丝绳脱钩装置安全可靠		
6	防断绳、跳槽、断轴保险装置安全可靠		
7	制动器安全可靠,电机无异响		
8	各部位滑轮润滑良好、转动灵活		
9	钢丝绳排列整齐,无变形、断丝、缺油和严重磨损等现象		
10	起重量、力矩限制器有效、可靠		
11	各部位限位器应有效、可靠		
12	附墙装置连接螺栓紧固,销轴齐全可靠		
13	附墙杆无变形、裂纹		
14	主电缆无破损、扭曲和变形现象		
15	过流、过热、断错相、漏电保护器件完好可靠		
16	接地、接零正确可靠		

发现问题:	维修情况:

司机签名:

6)月度安全检查表

塔式起重机使用满一个月,使用单位和产权单位应联合进行安全检查,填写检查记录(表4.1-9)和检查结论,产权单位负责人、使用单位项目负责人应签字确认。

表 4.1-9 塔式起重机月度安全检查表

设备型号				备案登记号		
工程名称				工程地址		
制造厂家				出厂编号		
出厂日期				安装高度		
安装单位				使用单位		
检查结果代号说明		√＝合格 ○＝整改后合格 ×＝不合格 无＝此项				

序号	项目	要求	检查记录	序号	项目	要求	检查记录
1	基础	(1)基础周围有排水设施;(2)组合式塔机基础施工方案应经过专家论证;(3)基础无移位变形、积水		2	安全装置	(1)力矩限制器、变幅限位、超高限位、回转限位等安全装置应齐全、灵敏、可靠;(2)安全监控装置齐全、在线	
3	金属结构	(1)整机结构无变形、开焊、裂纹;(2)塔身标准节螺栓套焊接部位无裂纹;(3)无严重锈蚀		4	保险装置	(1)吊钩保险装置完好;(2)保险装置、栏杆等防护设施有效可靠	
5	钢丝绳	(1)符合起重钢丝绳标准;(2)绳夹安装正确可靠		6	配重	平衡臂压重按规定放置、数量符合要求	
7	传动机构	(1)减速机构无异响、漏油;(2)制动器制动平稳、灵敏可靠;(3)各部滑轮完整,无破损、无严重磨损		8	附墙装置	按使用说明书要求设置与连接,超长附墙杆有设计计算书、报审表	
9	主要紧固件	塔身等部位连接螺栓预紧力应达到使用说明书要求		10	电器线路	(1)电器设备须保证传动和控制性能准确可靠;(2)与架空高压输电线安全距离应符合标准要求;(3)接地、接零符合要求。	
11	垂直度	(1)附着以下,垂直度不大于2%;(2)附着以上,垂直度不大于4%;(3)自由端高度是否符合使用说明书要求		12	避雷	符合使用说明书要求	
13	指挥	(1)指挥、司机持证上岗;(2)指挥应使用对讲机		14	使用5年以上	(1)进行磁粉探伤(针对受力最大部位、应力或弯矩最大部位、其他可疑部位);(2)进行超声波测厚(针对锈蚀、磨损严重部位)	
15	卸料平台	(1)单侧两钢丝绳独立固定,绳径不小于Φ20;(2)绳夹设置符合规定;(3)安全防护到位					

检查结论:
产权单位检查人签名: 使用单位检查人签名: 日期: 年 月 日

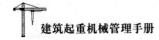

7)基础验收表

塔机安装前,施工总承包单位应组织安装单位和监理单位进行基础验收,填写《建筑起重机械基础验收表》(表4.1–10)。不符合要求的项目,应在备注栏具体说明。验收后,必须明确填写结论意见(要求量化的参数应填实实测值)并签字盖章(验收单位章)。

4.1–10 建筑起重机械基础验收表

工程名称		工程地点	
使用单位		安装单位	
设备型号		备案登记号	

序号	检查项目	检查结论(合格√不合格×)	备注
1	地基的承载力		
2	基础尺寸偏差(长×宽×厚)(mm)		
3	基础混凝土强度报告		
4	基础表面平整度		
5	基础顶部标高偏差(mm)		
6	预埋螺栓、预埋件位置偏差(mm)		
7	基础周边排水措施		
8	基础周边与架空输电线安全距离		

其他需说明的内容:

总承包单位		参加人员签名	
使用单位		参加人员签名	
安装单位		参加人员签名	
监理单位		参加人员签名	

验收结论:

施工总承包单位(盖章):

年   月   日

注:对不符合要求的项目应在备注栏具体说明,对要求量化的参数应填实测值。

4.1.2.3　施工升降机台账资料

1）安装自检表

施工升降机安装完成后，安装单位应进行自检和试运行，填写安装自检表，向使用单位出具自检合格证明和安全使用说明书。

2）安装验收表

（1）施工升降机安装完成后，安装单位应委托具有相应资质的检验检测机构进行检测并出具检验合格报告。施工升降机的防坠安全器，每年应由具有相应资质的检测单位检测标定合格后方能使用。

（2）施工升降机检测合格后，应组织有关人员对照《施工升降机安装验收表》（表 4.1-11）的要求，对验收项目逐项验收。

（3）使用单位项目技术负责人和专职安全员、安装单位技术负责人和项目负责人、监理单位项目负责人和产权单位负责人，必须参加验收。验收后，必须明确填写结论意见（要求量化的参数应填实实测值）并签字盖章（验收单位章）。

（4）施工升降机在使用过程中需要附着的，使用单位应委托原安装单位或具有相应资质的单位实施并组织验收。未经验收或验收不合格，不得使用。

3）每日使用前检查表

（1）施工升降机每日首次使用前，应由当班司机检查试验各限位装置和吊笼门等处的联锁装置是否有效，各层卸料平台门是否关闭，进行空车升降试验和测定制动器的有效性。如实填写检查记录并签名，发现问题应及时上报项目部，整改符合要求后方可使用。

（2）施工升降机在每班首次载重运行时，必须从最底层上升，严禁自上而下。吊笼升至离地面 1~2 m 高度时，应停车试验制动器的可靠性。

4）月度安全检查表

施工升降机使用满一个月，使用单位和产权单位应联合进行安全检查，填写检查记录和检查结论，产权单位负责人、使用单位项目负责人应签字确认。

5）交接班记录表

多班组作业时，应按照规定进行交接班并认真填写交接班记录，交接班双方签字确认设备的完好情况、交接情况。

6）基础验收表

施工升降机安装前，施工总承包单位应组织安装单位和监理单位进行基础验收，填写《建筑起重机械基础验收表》（表 4.1-10）。不符合要求的项目，应在备注栏具体说明。验收后，必须明确填写结论意见（要求量化的参数应填实实测值）并签字盖章（验收单位章）。

4.1–11 施工升降机安装验收表

工程名称		工程地址	
设备型号		备案登记号	
制造厂家		出厂编号	
出厂日期		安装高度	
安装单位		安装日期	
检查结果代号说明	√＝合格　○＝整改后合格　×＝不合格　无＝无此项		

检查项目	序号	内容要求	检查结果	备注
主要部件	1	导轨架、附墙架连接安装齐全、牢固,位置正确		
	2	螺栓拧紧力矩达到技术要求,开口销完全撬开		
	3	导轨架安装垂直度满足要求		
	4	结构件无变形、开焊、裂纹		
	5	对重导轨符合使用说明书要求		
传动系统	6	钢丝绳规格正确,未达到报废标准		
	7	钢丝绳固定和编结符合标准要求		
	8	各部位滑轮转动灵活、可靠,无卡阻现象		
	9	齿条、齿轮、曳引轮符合标准要求,保险装置可靠		
	10	各机构转动平稳、无异常响声		
	11	各润滑点润滑良好、润滑油牌号正确		
	12	制动器、离合器动作灵活可靠		
电气系统	13	供电系统正常,额定电压值偏差不大于5%		
	14	接触器、继电器接触良好		
	15	仪表、照明、报警系统完好可靠		
	16	控制、操纵装置动作灵活、可靠		
	17	各种电器安全保护装置齐全、可靠		
	18	电气系统对导轨架的绝缘电阻应不小于0.5 MΩ		
	19	接地电阻应不大于4 Ω		

检查项目	序号	内容要求		检查结果	备注
安全系统	20	防坠安全器在有效标定期限内			
	21	防坠安全器灵敏可靠			
	22	超载保护装置灵敏可靠			
	23	上、下限位开关灵敏可靠			
	24	上、下极限开关灵敏可靠			
	25	急停开关灵敏可靠			
	26	安全钩完好			
	27	额定载重量标牌牢固清晰			
	28	地面防护围栏门、吊笼门机电联锁灵敏可靠			
试运行	29	空载	双吊笼施工升降机应分别对两个吊笼进行试运行。试运行中吊笼应启动、制动正常,运行平稳,无异常现象		
	30	额定载重量			
	31	110%额定载重量			
坠落试验	32	吊笼制动后,结构及连接件应无任何损坏或永久变形,且制动距离应符合要求			

验收结论:

总承包单位(盖章):　　　　　　　　　　　　　　　　　验收日期:　　年　　月　　日

总承包单位		参加人员签字	
使用单位		参加人员签字	
安装单位		参加人员签字	
监理单位		参加人员签字	
租赁单位		参加人员签字	

注:1.新安装的施工升降机及在用的施工升降机应至少每3个月进行一次额定载重量的坠落试验;新安装及大修后的施工升降机应作125%额定载重量试运行。

　　2.对不符合要求的项目应在备注栏具体说明,对要求量化的参数应填实测值。

4.1.2.4 其他台账资料

(1)安全技术交底记录:安装(拆卸)作业前,安装(拆卸)单位项目技术负责人应对安装(拆卸)特种作业人员进行安全技术交底,并书面记录,签字确认。

(2)建筑起重机械的使用说明书。

(3)建筑起重机械超过使用年限,必须由具有相应资质的评估机构进行评估。评估合格的,应到原备案机关办理相应手续并在规定的有效期内使用。

(4)建筑起重机械的租赁合同。

(5)建筑起重机械的安装(拆卸)合同、安全责任书、安装(拆卸)单位资质证书复印件以及安装(拆卸)特种作业人员名单和证书。

(6)安全技术交底记录、安装检验报告。

4.1.3 相关标准规范目录

4.1.3.1 塔式起重机标准规范目录

塔式起重机标准规范目录详见表4.1-12。

表 4.1-12 塔式起重机标准规范目录

序号	编号	名称
1	GB/T 5031—2008	《塔式起重机》
2	GB 5144—2006	《塔式起重机安全规程》
3	GB/T 3811—2008	《起重机设计规范》
4	GB/T 13752—1992	《塔式起重机设计规范》
5	GB 5082—1985	《起重吊运指挥信号》
6	GB 1005—2010	《起重吊钩》
7	GB/T 5972—2016	《起重机 钢丝绳 保养、维护、检验和报废》
8	GB/T 20303.3—2016	《起重机 司机室和控制站第3部分:塔式起重机》
9	JGJ 80—2016	《建筑施工高处作业安全技术规范》
10	JGJ 33—2012	《建筑机械使用安全技术规程》
11	JGJ160—2016	《施工现场机械设备检查技术规范》
12	JGJ 196—2010	《建筑施工塔式起重机安装、使用、拆卸安全技术规程》

序号	编号	名称
13	JGJ/T 189—2009	《建筑起重机械安全评估技术规程》
14	JGJ/T 187—2009	《塔式起重机混凝土基础工程技术规程》
15	JGJ 196—2010	《建筑施工塔式起重机安装、使用、拆卸安全技术规程》
16	JG/T 100—1999	《塔式起重机操作使用规程》
17	JB/T 11157—2011	《塔式起重机 钢结构制造与检验》
18	JG/T 54—1999	《塔式起重机司机室技术条件》
19	JGJ 59—2011	《建筑施工安全检查标准》
20	国务院令第549号	《特种设备安全监察条例》
21	建设部令第166号令	《建筑起重机械安全监督管理规定》

4.1.3.2　施工升降机标准规范目录

施工升降机标准规范目录详见表4.1–13。

表 4.1–13　施工升降机标准规范目录

序号	编号	名称
1	GB 26557—2011	《吊笼有垂直导向的人货两用施工升降机》
2	GB/T 3811—2008	《起重机设计规范》
3	GB/T 10054—2005	《施工升降机》
4	GB/T 10055—2007	《施工升降机安全规程》
5	JGJ 215—2010	《建筑施工升降机安装、使用、拆卸安全技术规程》
6	JGJ 88—2010	《龙门架及井物架物料提升机安全技术规范》
7	DB 42/365—2006	《钢丝绳式货用施工升降机安全技术规范》
8	TSG Q7008—2007	《升降机型式试验细则》

4.1.3.3 综合性标准规范目录

综合性标准规范目录详见表 4.1–14。

表 4.1–14 综合性标准规范目录

序号	编号	名称
1	TSG Z0004—2007	《特种设备制造、安装、维修质量保证体系基本要求》
2	TSG Z0005—2007	《特种设备制造、安装、维修许可鉴定评审细则》
3	GB/T 5972—2016	《起重机 钢丝绳 保养、维护、检验和报废》
4	GB/T 3797—2016	《电气控制设备》
5	GB 19517—2009	《国家电气设备安全技术规范》
6	GB 5226.1—2008	《机械电气安全 机械电气设备 第 1 部分:通用技术条件》
7	GB 14050—2008	《系统接地的型式及安全技术要求》
8	GB 50278—2010	《起重设备安装工程施工及验收规范》
9	GB 50256—2014	《电气装置安装工程 起重机电气施工及验收规范》
10	GB 50257—2014	《电气装置安装工程 爆炸和危险环境电气施工及验收规范》
11	GB/T 1955—2008	《建筑卷扬机》
12	GB/T 699—2015	《优质碳素结构钢》
13	GB/T 700—2006	《碳素结构钢》
14	GB/T 985.1—2008	《气焊、焊条电弧焊、气体保护焊和高能束焊的推荐坡口》
15	GB/T 985.2—2008	《埋弧焊的推荐坡口》
16	GB/T 985.4—2008	《复合钢的推荐坡口》
17	JB/T 10603—2006	《电力液压推动器》

4.2 塔式起重机生产安全事故的预防及应急处理

4.2.1 生产安全事故的预防

4.2.1.1 早期疲劳裂纹产生和预防

1)早期疲劳裂纹的产生

为了节省费用,不少使用单位将小塔当作大塔用。建筑工地常见塔式起重机将成捆的钢筋从汽车上卸货运至幅度 30~50 m 处,成型后再运至楼面。成捆的钢筋一般重达 2~3 t,按要求应使用 63 t·m 以上塔式起重机。大多数工地为了节

图 4.2-1 塔身标准节裂缝

省费用,采用 60 t·m 和 63 t·m 的塔式起重机,超载量达到 1.5 倍以上。历经数个工地使用后,塔式起重机的超载量和次数可想而知,钢结构构件产生疲劳裂

纹也就在所难免(图 4.2-1)。

2)早期疲劳裂纹的预防

(1)教育培训塔式起重机的管理者和使用者,使其掌握钢结构疲劳的基本常识,养成按规程操作的良好习惯,自觉抵制超载等违章行为。

(2)切实加强塔式起重机管理者和使用者的监管,杜绝高强度、高频次的超载行为;操作人员应持证上岗。

(3)塔身螺栓的预紧力必须达到规定要求,防止产生早期疲劳裂纹。

4.2.1.2　塔帽失稳的产生和预防

1)塔帽失稳的产生

(1)力矩限制器失效的情况下,起吊不明重物或强行超载使用。

(2)在力矩限制器失效的情况下,起吊重物变幅(载重小车往外走,超力矩使用),应力超过塔帽单肢的极限。

2)塔帽失稳现象的预防

(1)工作前,应对塔式起重机司机、信号员和司索工等进行安全技术交底;配齐塔式起重机工作所必需的人员,按规范操作。

(2)严格按规程要求执行,确保安全保护装置完好,不得随意调整和拆除力矩限制器。

4.2.1.3　地下节或预埋螺栓断裂的产生和预防

1)地下节或预埋螺栓断裂的产生

地下节和预埋螺栓断裂,多发于地下节主弦杆和预埋螺栓(图 4.2-2)。分析其产生原因大致有以下几个因素:

(1)重复使用地下节和预埋螺栓,使得其使用寿命大大降低,产生疲劳裂纹的可能性大大增加。

(2)自行制作地下节和预埋螺栓,其母材和焊接都达不到使用要求。

(3)用标准节甚至用旧的标准节替代地下节使用,强度明显不够。

(4)超载使用。

2)地下节或预埋螺栓断裂断裂的预防

图 4.2-2　地下节断口

(1)认真执行《建筑起重机械安全监督管理规定》(建设部令第 166 号)。

(2)加强日常检查,重点检查地下节主弦杆连接套附近和连接套焊缝是否完好(必要时,采用无损检测)。

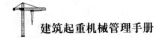

(3)杜绝超载。

4.2.2 生产安全事故的应急处理

当塔式起重机发生较大事故或故障但尚未倾覆、倒塔时,应根据事故大小和复杂程度,迅速成立由相关技术人员、操作安装人员等组成的事故处理小组,制定排险处理方案并进行排险处理,防止事故进一步扩大。

1)严重超载导致塔帽失稳

塔式起重机严重超载,可能会发生塔顶受压主弦杆的失稳弯曲(图4.2-3)。发生这种情况,应采取以下措施:

(1)立即卸下吊重物(注意不要产生过大冲击)。

(2)塔式起重机上(包括司机)所有人员迅速撤离。

(3)按塔式起重机倒下可能占据的范围,设置安全区域。

(4)用望远镜观察失稳弯曲部分的变化情况,同时观察塔身、吊臂、上下支座、拉杆等部位有无异常变形,观察时间不少于2小时。若变形稳定,可按以下步骤拆塔。

①选派经验丰富的电焊工,在塔顶四根主弦杆上焊接加固型钢(图4.2-4)。加固型钢的材料、规格型号、尺寸、焊接方法、安装位置等,严格按现场技术人员制定的方案执行。

②塔顶加固后,立即采用大型吊车(履带吊或汽车吊)直接拆除(不降塔)。若短时间内无法落实大型吊车,可在加强受损部位监控的情况下先行降塔,再用适当吨位的吊车拆除。

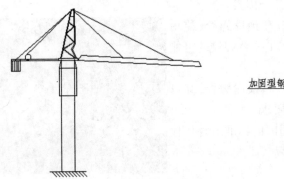

图 4.2-3 塔顶受压主弦杆失稳弯曲   图 4.2-4 加固型钢

2)严重超载导致塔身下部失稳

塔式起重机严重超载,可能会发生塔身下部标准节主弦杆受压失稳弯曲(图4.2-5)。发生这种情况,应采取以下措施:

前3个步骤与塔帽失稳的处置方式相同。

(4)用望远镜观察失稳弯曲部分的变化情况,同时观察塔身、吊臂、上下支座、拉杆等部位有无异常变形,观察时间不少于2小时。若变形稳定,可按以下步骤拆塔:

①尽快在塔身上部4根主弦杆上拉4根钢丝绳揽风绳。揽风绳的规格、直径、固定位置由现场技术人员确定。

②选派经验丰富的电焊工,在弯曲变形的主弦杆上焊接加固型钢。加固型钢的材料、规格型号、尺寸、焊接方法、安装位置等,严格按现场技术人员制订的方案执行。

③用适当吨位的吊车,直接拆除(不降塔)。

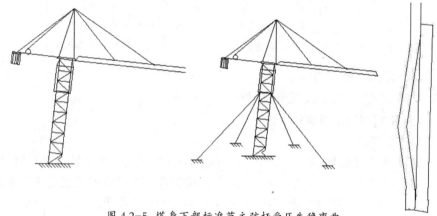

图4.2-5 塔身下部标准节主弦杆受压失稳弯曲

3)钢材表面裂纹的处理

塔式起重机经常超负荷运行,一些高交变应力及应力集中的部位(如塔身下部标准节、接头处主弦杆、塔帽上下端接头处主弦杆等)容易出现疲劳裂纹,对塔式起重机的危害极大。发现钢材表面裂纹,应按下列方法处理:

(1)立即停止工作,塔式起重机上(包括司机)所有人员迅速撤离;按塔式起重机倒下可能占据的范围,设置安全区域。

(2)发现裂纹的结构件,应立即报废更换。若更换难度较大或工程即将完工,可按以下方法进行临时性加强处理(必须有技术人员制定的技术方案,经批准后方可实施)。

①在裂纹扩展方向的尾部钻一个直径5 mm的止裂孔,阻断裂纹进一步扩展(图4.2-6)。

②用砂轮机将裂纹断面磨出45°坡口,用电焊将坡口焊平,然后在外表面焊

接与母材厚度相当的加强钢板(图 4.2-7)。

③工程完工后,该构件应报废处理。

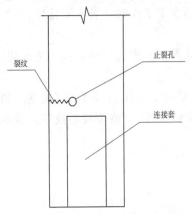

图 4.2-6 标准节接头处裂纹示意图

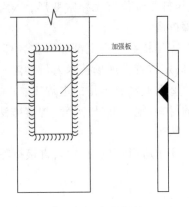

图 4.2-7 加强钢板

4.3 事故案例分析

4.3.1 塔式起重机事故案例分析

【案例 1】塔机倒塌事故 1

1)事故经过

2012 年 5 月某日,某工程使用的一台 QTZ63 塔式起重机运转 8 个月后,塔身根部两根主弦杆先后断裂,导致塔式起重机倒塔。事后检查发现塔式起重机直接安装在格构柱钢平台上(出厂时未配有加强节),标准节两主弦杆有明显陈旧裂纹,主弦杆中存在大量锈水,力矩限制器被捆绑、失效(图 4.3-1)。

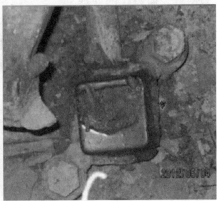

图 4.3-1 塔身标准节主弦杆锈水及断口

2)事故原因

(1)该塔式起重机为旧设备(无加强节),标准节直接安装在格构柱钢平台上,刚度差别悬殊。

(2)疏于日常检查维护,未能及时发现疲劳裂纹。根据断口陈旧现象和回转区域分析,主弦杆的疲劳裂纹已有一段时间。

(3)违章捆绑力矩限制器造成失效、长期超重运载,导致疲劳裂纹出现和扩散。

(4)主弦杆内存有锈水导致内壁腐蚀、主弦杆壁厚减小,是造成本次事故的主要原因。

3)教训

(1)安装单位、检测单位的检查检验不到位,未能发现塔身配置的严重错误,造成塔身过度应力集中。

(2)日常检查维护不到位,毫无安全意识(违章捆绑力矩限制器造成失效、长期超重运载)。

(3)日常维护检查时,应重视探查主要受力构件的裂缝。

【案例 2】塔机倒塌事故 2

1)事故经过

2016 年 1 月某日,某工程使用的一台 ZJ5510 塔机在运行中发生倒塌。倒塌时,该塔机起重臂与旁边另外一台 ZJ5910 塔机起重臂发生碰撞,导致 ZJ5910 塔机起重臂内吊点臂节外起重臂上弦杆断裂,起重臂向下折弯,两台塔机均损毁严重(图 4.3-2)。

图 4.3-2 两台塔机均损毁严重

2)事故原因

(1)塔机使用的地下节基础长期积水(积水覆盖过渡节 200 mm 左右)、过渡节主弦杆锈蚀严重(倒塌前已经疲劳断裂),仅靠过渡节的 3 根主弦杆受力,导致过渡节主弦杆受力不足而发生塔机倾翻(图 4.3-3)。

断口锈蚀相对较少

已完全锈蚀,疲劳裂纹

图 4.3-3　过渡节断口锈蚀严重

(2)塔机力矩限制器行程开关间隙较大,日常使用存在严重的超载现象。塔身危险截面部位多处螺栓松动,改变了塔身的传力机理,造成了局部应力集中,在超载和频繁的拉压力作用下,塔机主弦杆危险截面处出现疲劳裂缝并加速扩展。

(3)塔机使用(维保)单位定期检查维护不到位,未能及时发现过渡节主弦杆裂缝的形成和快速发展情况、安全装置失效情况。

(4)塔机安装单位不按规范要求作业,部分螺栓长期不经拆卸维护,导致局部螺栓预紧力不足。

3)教训

(1)做好基础排水措施,不得将基础长期浸泡在水中,避免底架结构件锈蚀破坏。

(2)塔身高强螺栓应作为日常检查的重点,防止高强螺栓连接未能达到规定的预紧力或严重松动。

(3)塔机日常维护检查,应特别重视探查主要受力构件的陈旧裂缝。

【案例3】塔机倒塌事故3

1)事故经过

2007年12月某日,某工程使用的一台QTZ60塔机小底架的4块主弦杆座板均拉裂,导致塔机倒塌。事后检查发现租赁单位擅自改变了基础形式,用自制的塔身小底架代替预埋节(图4.3-4、图4.3-5)。

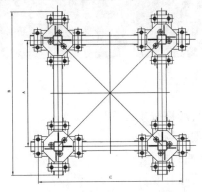
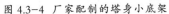

图 4.3-4 厂家配制的塔身小底架

图 4.3-5 自制的塔身小底架

2)事故原因

(1)租赁单位擅自改变基础形式,塔身受力最大的结构件违规使用自制件。

(2)自制底架未经计算,结构构造设计错误,材料规格过小,焊缝布置困难,整体强度、刚度不足。

(3)安装检验单位未能及时发现小底架系自制(不合格部件)。

3)教训

(1)使用单位和安装单位应严格按照使用说明书要求安装和制作基础。

(2)严禁使用自制的预埋节。

【案例4】塔机倒塌事故4

1)事故经过

2012年1月某日,某工程使用的一台QTZ63塔机在深基坑中卸料后快速起钩时,钢丝网钩住了基坑支撑梁,导致塔身标准节根部4根主弦杆同时断裂(图4.3-6),塔机倒塌。事后检查发现塔身直接安装在格构柱上(出厂未配有加强节),标准节无陈旧裂缝。

2)事故原因

(1)司机高速起钩,钢丝网勾住支撑梁(突然超载)后安全装置反应不及。

(2)老旧塔机,无加强节、结构上腹杆位置过高。

(3)标准节直接安装在格构柱上,刚度差别悬殊、应力集中。

图 4.3-6　标准节主弦杆断裂

3)教训

(1)切实提高特种作业人员安全意识,严格按规程操作。

(2)谨慎使用塔机(布置在工作不繁重的场合)。

(3)正确指挥,文明操作,严禁猛打猛冲式操作。

(4)确保力矩、重量等安全限位装置完好有效。

【案例5】载重小车前轮脱落事故

1)事故经过

2015 年 5 月某日,某工程使用的一台 ZJ6015 的塔机(2013 年 11 月出厂,初次安装使用,高度 110 m、臂长 50 m)吊重时突然发生载重小车前轮脱落事故。事故发生时,两只前轮从臂架上落下(仅靠 2 只后轮挂在臂架上),臂架下弦杆发生弯曲,吊钩上挂着 2 t 多的重物(停在幅度 30 m 处),起升钢丝绳打结、无法动弹(图 4.3-7)。

2)事故原因

(1)塔机在吊重运行到约 30 m 处时,突然发生载重小车牵引钢丝绳断裂。由于臂架压重,载重小车往臂端移动(移动至超过额定力矩处,会发生重大险情),小车牵引钢丝绳防断绳装置动作,阻止了重大险情的发生。

(2)钢丝绳防断绳装置动作,打坏了臂架腹杆并将臂架弦杆拉至变形;在吊重(2 吨多)的拉力下,载重小车前端脱出弦杆掉下(幸好后端挂住,不然后果不堪设想)。

3)教训

(1)日常保养维护中,一定要按使用说明

图 4.3-7　悬挂着的载重小车

书的要求实施(利用变幅小车上的棘轮将钢丝绳收紧,否则鼠笼电机启动时可能会将钢丝绳拉断)。

(2)涉及安全使用的重要零部件应重点检查,发现问题及时报废更换。

【案例6】吊臂前拉杆耳板断裂事故

1)事故经过

2015年12月某日,某工程使用的一台ZJ5710塔机在作业过程中,塔吊司机(无特种作业操作证)将一捆方木料吊至指定地点上方时,由于司索工未做出下放的信号,塔吊司机停止作业,等候下放信号。突然,塔吊吊臂前拉杆耳板发生断裂(图4.3-8),吊臂弯折、吊臂前端砸向作业区,滑落的方木料砸中了在现场作业的一名木工,导致该木工抢救无效死亡。

图 4.3-8　起重臂拉杆耳板断裂

2)事故原因

(1)管理混乱、检查不到位,未能及时发现吊臂前拉杆处耳板的塑性变形,终因耳板断裂导致吊臂弯折,这是此次事故的直接原因。

(2)日常维护保养缺失,司机室内重量、力矩、风速等数据监控显示屏故障,司机长期处在"盲吊"状态,未能及时处理。

(3)违规改接配电箱线路,导致起重量限制器,力矩限制器失效。

(4)司机无证上岗,不具备必要的安全操作知识,导致事故发生。

3)教训

(1)加强特种设备管理、建立健全特种设备安全技术档案。

(2)进行定期检查维修保养,发现安全隐患立即处理。

(3)严禁无证人员操作特种设备。

4.3.2 人货两用施工升降机事故案例分析

【案例7】吊笼坠落事故1

1)事故经过

2012年9月某日下午13时左右,某工程使用的一台人货两用施工升降机升至33楼顶部接近平台位置(离地约100 m)时突然失控,直冲34层层顶后发生坠落,造成升降机吊笼内的人员随吊笼从高处一起下坠。升降机下坠过程中,先后有6人被甩出;整个吊笼坠落至地面时,铁质吊笼已完全散架。事故共造成19人遇难(图4.3-9)。

图4.3-9 吊笼坠落事故现场

2)事故原因

(1)该升降机吊笼外铭牌注明一次性载人不得超过12人,本次事故实载19人和约245 kg物件;按照有关要求,升降机自由端高度不得超过7.5 m,而该事故升降机自由端高度达10.5 m(7节标准节)。升降机上升到33楼顶部接近平台位置时产生的倾翻力矩,大于对重体、导轨架等固有的平衡力矩,造成升降机左侧吊笼顷刻倾翻。

(2)该升降机使用年限已超出规定年限3个月,应停运或拆除。

(3)该升降机防坠安全器未按规定年限检测。当升降机高速运行时电动机失控后,防坠安全器未能起到制动作用,是导致事故发生的重要原因。

(4)该升降机上安装的上限位、上极限开关和防冲顶限位均未起作用。

3)教训

(1)升降机必须经特种设备安全监督管理部门核准的检验检测机构检测合格,方可挂牌使用。

(2)升降机司机应持证上岗,严格按使用说明书的要求载人运货,不得超载。

（3）进行定期检查维修保养，发现安全隐患立即处理。

【案例8】吊笼坠落事故2

1）事故经过

2008年9月某日，某工程使用的一台人货两用施工升降机东侧吊笼（吊笼内包括司机在内共13人）自22层下行到16层时，又进入4人。关上吊笼门后，电动机尚未启动，吊笼即开始快速下滑，直至坠落到地面（司机快速按下紧急按钮，但未能停住吊笼，见图4.3-10、图4.3-11）。事故共造成11人死亡、6人重伤。

图4.3-10　坠落的吊笼

图4.3-11　损坏的天轮架

2）事故原因

（1）经解体检测，该升降机两台电磁制动器的实际总制动力矩为103 N·m，小于使用说明书规定的额定总制动力矩（240 N·m）。

（2）该升降机吊笼的传动板上未设置防脱轨挡块，齿轮脱离齿条，导致吊笼脱轨，自由坠落。

（3）该升降机下背轮轴高强度内六角螺栓，在使用中损坏后，维修人员用外形相似的普通内六角螺栓代替。

（4）该升降机吊笼的背轮偏心轮无固定措施，螺母无防松措施。

（5）该升降机吊笼外铭牌注明一次性载人不得超过12人，实际载人17人，属严重超载。

3）教训

（1）日常检查和维护时，应重点检查检测制动力矩是否达到规定数值并及时调试。

（2）不得使用未设置防脱轨挡块的传动板。

（3）日常使用中应严格管理，杜绝违章操作。

4.3.3 货用施工升降机事故案例分析

【案例9】吊笼坠落事故

1)事故经过

2001 年 8 月某日,某工程使用的一台货用施工升降机在 5 层楼卸货(由 8 人自升降机吊笼内向外搬运预制空心板)时,吊笼突然坠落。事故共造成 4 人死亡、3 人重伤、1 人轻伤。

2)事故原因

(1)经现场勘查,该升降机为"三无"产品(无生产厂家、无计算书、无必要的安全装置),是导致事故的直接原因。

(2)监管不到位,该升降机安装后未经验收就投入使用。

(3)该升降机提升钢丝绳尾端锚固用的卡子只设置了 2 个,且其中 1 个丝扣已损坏拧不紧(按规定应不少于 3 个),钢丝绳受力后卡子滑脱,导致吊笼坠落。

(4)该升降机设计不合理,无停靠装置。吊笼钢丝绳滑脱时,因无停靠装置保护,造成吊笼坠落。

3)教训

(1)各地建设行政主管部门应加强监管,杜绝"三无"机械设备进入施工现场。

(2)货用施工升降机必须有设计计算书和施工图纸,经有关部门鉴定符合规定要求后方可投入使用。

(3)新组装的升降机应进行试运转检验,确认安全装置的灵敏度。